U0155718

漫游中国茶

胡冬财 著

当代世界出版社
THE CONTEMPORARY WORLD PRESS

柒.31°N 江苏、安徽

在茶山行走中感受
中国茶的精彩

中国是茶树的原产国，也是世界上最早发现和利用茶树的国家。在长期的种茶、制茶和饮茶的过程中，中国茶逐渐绘制出精彩长卷，深刻融入中国的社会生活，并不断与时俱进而绵延不绝。

中国茶的精彩，在杯里。中国茶种植范围广阔，品种多样，工艺制程各异，中国茶就仿如一杯能喝的香水，美妙的滋味与香气，给人以愉悦的品饮体验。毫无疑问，中国在滋味与香气方面的千变万化，他国概莫能比。

中国茶的精彩，在杯外。无论是烧水泡茶的过程，还是品茗交流的时光；无论是一人独品，还是三五好友对饮；无论是就茶论茶，还是融合器具与空间，或是延伸到琴棋书画与天地人生，你都可以感受到茶的能量。

中国茶的精彩，无论是杯里还是杯外，都是源自茶山：

是茶山赋予茶以立地价值、产制价值、历史价值和文化价值，是茶山赋予了茶以独特基因，是茶山赋予了茶以无穷的魅力。

因此，感受中国茶的精彩，需要"原本山川，极命草木"，需要和制茶人对话，需要感受茶区的风土与人文。可以说，在茶山行走中感受中国茶的精彩，是茶杯之外的另一个路向，也是立体和晋阶的自然选择。

本书作者胡冬财，是 90 后青年才俊，生长于茶乡，曾就职于茶企，在过去几年间多次深入茶山行走，足迹遍及云南、贵州、四川、广东、广西、福建、江西、浙江、江苏、安徽、湖北、湖南等多个省份，并以文字记录下了茶山行走的见闻与感受。作者以地理为经纬，将云南普洱茶的六大茶山与秘境临沧、广东潮州的凤凰单丛、广西梧州的六堡茶、福建的正山小种、武夷岩茶、福鼎白茶和坦洋工夫、湖南安化的黑茶、江西的浮梁茶和修水的宁红茶、浙江的西湖龙井、安徽的祁门红茶、祁门安茶、太平猴魁、休宁松萝和顶谷大方、湖北的恩施玉露、四川的蒙顶黄芽、江苏的碧螺春以及安徽的六安瓜片逐一娓娓道来。茶路的崎岖蜿蜒、茶树的适生演变、茶山的气象万千、茶味的绵长浓酽、茶史的纵贯千年，交融在一起，为这些茶山以及那里的茶，做了精彩的注解与呈现。阅读这些文字，仿佛有个声音在召唤：何不来茶山？！

这些生动而不失细腻的文字背后，是作者的所行所感与所思，是作者曾经做过的功课，同时也是作者在此阶段独特的视角。在"三十而立"的年纪就能有这些茶山行走的文字，冬财无疑是努力的，同时也是幸运的——幸运的是，早早与茶结下的深深的缘分。我相信，与大家分享和茶的缘分，让大家感受在茶山行走，让大家在茶山行走中感受中国茶的精彩，正是作者写下这些文字的初衷。

作为作者曾经的同事，有机会对本书先读为快，进而写下这份简短的读后感。借此机会，也祝愿作者在未来的茶路上，书写不停，持续和大家分享更宽广度和更多维度的茶山精彩！

邓增永

北京天下名山茶业有限公司创始人

中国茶叶小产区概念与实践首倡者

这是一份来自
茶山的邀请

才子就是才子，去年团队聚餐时，小胡班长提出要把茶区的文章出版成书。没想到，这么快就实现了。当我受邀为这本书作序时，我是很乐意的，因为没有一本书像《漫游中国茶》这样，贴近我的生活、贴近我的工作。拿到书的定稿便迫不及待一口气读下来。虽然一部分内容之前读过，但整本书串起来后更觉得有"味道"了。

小胡班长的文章就是这样，不是用华丽的词句，而是用真实的情感、朴实的文字、个人的体会来打动你。当在你读文章时，又会惊喜地发现，这其中其实是有精巧的逻辑在支撑。而这种写法就是小胡班长最擅长的。所以你读他的文章时，从来不会觉得累，也不会觉得哪些部分是可有可无的，因为每一部分内容都在相互支撑着。

拿到书稿前，我还在想：每一个茶区都是独立的，这么多茶区要怎么布局呢？哪个省在前哪个省在后写呢？这似乎是一个不好解决的问题。当看到目录时，我就笑了。这就是小胡班长的逻辑，不得不佩服：从南到北、从东到西，按经纬度排列，真是妙啊。

茶山很美，但每个茶区又各有特色，想讲好茶山故事不那么容易。各地的官方宣传文，大多有些相似和夸张，概而言之便是：本地茶如何如何好，曾经有什么神奇功效，治好了什么病；要么就是哪些有灵性的动物把茶带给当地人……一直想找一本书，能够客观地介绍各种茶和茶区的情况。尤其是现今茶区真实的样子。可惜这类书并不多。《漫游中国茶》算是这不多中的之一。我个人很喜欢这种有带入感的游记书。

如果你去过书里介绍的某座茶山，相信你一定能在其中找到自己在茶山时的影子，可能是同一个地方、同一款茶、同一个人，也可能是同一种感觉以及那份独有的而且美好的回忆。

如果你喜欢茶，但还没去过茶山，相信你一定能在书里找到出发的理由，可能是一个地方、一款茶、一个人，也可能是一种感觉或能让你着迷和祈盼的魅力。

我一直说，跟小胡班长一起上茶山是幸福的，他总能把每个茶山的精华部分和最重要的内容提炼出来，这需要平时大量的知识积累和对当地的绝对了解，当然还要有对茶的无限热爱。关键是他还能精准地表达、传递给你。这个能力并不是所有人都有。如果还没跟小胡班长一起上过茶山，相信你在书里也能感受到。

我在想，在一个什么样的场景里最适合读这本书？想来想去，应该是一个安静的下午；沏上一杯你最爱的茶；坐在窗边，窗外阳光明媚；翻着书，时不时喝一口香茶，读完一章，看看窗外，或回忆或憧憬……那一定是一件无比美好的事。

如果你准备好了，那么请接受小胡班长来自茶山的邀请，走进那一座座茶山吧……

宋宾

"草木行茶山游学班"老班长

古六山之一倚邦的晨曦

「茶者，南方之嘉木也」，是陆羽写在《茶经》开篇的话。陆羽所说的「南方」，大概是指长江以南，在唐时被陆羽划为八大茶区，茶风蔚然。

一千多年过去，我们都知道中国茶的故事，其实起源于陆羽所指的「南方」更往南的地方，那就是云南。作为茶树的发源地，云南东南部是世界茶的起点。云南横跨多个纬度，我们常常谈论的云南茶，从北纬21度开始！

在这个纬度，地球绝大部分地方都被沙漠覆盖，而云南则是充满生机的热带雨林。雨林深处，有多个世代和茶共生的少数民族，以及遮天蔽日的大茶树。经年累月，茶与人在这个纬度相遇，幻变出无数的精彩。

漫游中国茶，从云南开始，一起感受来自六大茶山和时光深处的召唤！

21°N 云南 壹

三〇.正六山漫游

当我走入风味的秘境

2021·1

当我又一次在夜晚，独自喝完一泡 18 年麻黑后，细腻的花香和充满包裹感的茶汤把那些游走在六大茶山的时光再次鲜活无比地闪耀在眼前。当六大茶山已经成为传奇，除了一次又一次地行走其间，再也找不出更好的办法，去感受它们。

张信刚教授在《大中东行纪》中反复强调一个观点：地理决定历史！

换成普洱茶，我想这句可以再稍微扩展一点：地理决定风味，风味成就历史！尤其在你反复走进那些山头，才会理解"一山一味"的力量会有多顽强。

当我再一次走进风味的秘境，六大茶山又会给我怎样的回馈？

普洱的如梦之梦：易武

去易武的路，实在算不上近。从西双版纳州府所在地景洪出发，途径中科院西双版纳热带植物园，曼妙的热带雨林匍匐在路两侧。一口气直开，也至少需要两个半小时。就是这样一条路，每次出发前，心里都还夹杂着小鹿乱撞的兴奋和忐忑。

就好像明确知道每次去易武，自己会进入一场清醒无比的梦。易武，是普洱茶的如梦之梦。

每一次的易武之旅，都是从老街开始。这条街并不长，半小时左右可能就走完了。如果你只是在老街上走一圈，即便看到车顺号"瑞贡天朝"的牌匾，也几乎感受不出易武和易武茶曾经的繁华。承载过无数驮茶进京马帮脚步的青石板，清亮寂静、蜿蜒曲折地伸向远方。跫音久远，易武老街已经像这样安静许久了。

但是老街上每一栋老房子的门推进去，都有一段关于易武茶繁荣的往事。

老街街头，是一个广场，停满镇上镇民的小轿车。广场左侧，拾阶而上，有一间并不宏伟的易武茶博物馆，易武茶无比躁动的历史都藏在里面。据易武文化站站长杨建平老师介绍，博物馆里有两百多件珍贵文物。车里宣慰司管辖六大茶山时期记载易武茶叶生产经营的石刻执照，完整详尽地诉说着易武茶的过去。

面对一件件锁住易武茶风味传奇的文物，我们不禁遐思：早已被历史证明过无数次的易武茶，而今还在么？

这个问题的答案，在你奔走在七村八寨的路上，会有越来越清晰而肯定的答案：易武茶，还在易武。

七村八寨的概念，已经深入钟爱易武茶的茶人心中，村稍大一点，寨则稍小。从镇上出发，最经典的七村八寨之旅，一般都是从曼秀村进，高山村出。一个小环线，蕴含大风景，几个代表性的村寨都在环线内：曼秀村、落水洞村、麻黑村、丁家寨（汉）、丁家寨（瑶）、张家湾寨、高山村。

路过曼秀村极其气派的牌楼，不多时就到了落水洞村。

易武贡茶博物馆收藏的清代茶叶执照石刻

易武：中国贡茶第一镇

云南有许多地方都叫落水洞，大概因为村子地势较低，有一个类似于小型水帘洞的地方，常年落水而得名。落水洞的古茶园就在路边，村子周围都是被人精心编好号的古茶树。沿着古茶园修好的石阶走下去，落水洞村安静地坐落在山坳里。对于茶区而言，茶树包围村庄，是再正常不过的事情。落水洞的古茶树，都不大，根部直径有个八厘米左右，就算蛮气派。整体上，易武的茶树，都不算粗大，以"易武绿芽茶"为主，其"香扬水柔"的风格非常受人喜爱。

落水洞逛完，都不用挪车，就可以走到麻黑。麻黑和落水洞，仅一山之隔，茶的风味也比较接近。麻黑的古茶园，古茶树较为密集，树龄都在百年以上。沿着半坡的小径，走进古茶园，约莫半百米左右，一个钢架结构建筑出现在眼前：这是为死去的落水洞茶王树而建的。如同丰碑式的人物需要丰碑式的纪念，死去的茶王树，终于伫立成供人凭吊的宫殿。

几乎每个山头都有茶王树，好像不立一个"王"或"后"出来，总觉不够神气。"王位"评选的标准，一般来讲是树龄最老抑或树形最为魁伟。称王称后之后，这些茶王树的身价自此一飞冲天，直上云霄。然而，中国有句古话"树大招风"，昭示着亘古不变的规律。许多山头的茶王树，在坐上"王位"后不久，或因保护过度、或因看客太多等原因而"仙逝"。

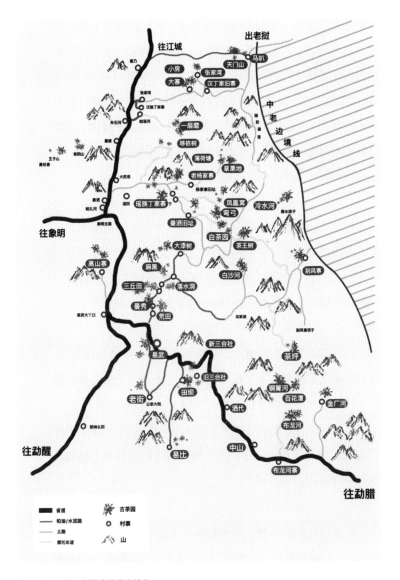

易武七村八寨示意图（陈嘉睿绘）

落水洞的这一棵，因为靠近路边，死后还要被人围而观之，实在有些"鞠躬尽瘁"的意思。站在落水洞茶王树前的平台上，远眺易武的远山，只见一片莽莽的翠绿接着另一片翠绿，延绵起伏。民谣歌手小河，有一首朴实无华的歌《森林里的一棵树》，里面有一句这么唱到"森林里的一棵树，不需要知道自己是一棵树"。纵然如此，总不免还是有些伤感：易武这么多树，为什么偏偏你被选中了？

沿着茶王树旁的小径，往里走去。半坡上的麻黑古茶园里，茶树长势颇好，繁茂的枝叶把本就不宽的小路几乎要遮盖起来。麻黑的古茶树，整体上比落水洞要稍粗一点，许多茶树的根部树干上包裹着青苔，生态环境极好。

古茶园看完，原路返回，在路的右侧有一条岔开的土路，是前往新"落水洞"茶王树的路。约莫走个二十来分钟，爬一小段山，就能一睹它的风姿：半坡上，一棵根部直径有15厘米朝上，树高十多米的高杆古茶树，被木头搭成的采茶架围了起来。木架正面，挂了一个木牌，写着落水洞茶王树和它主人的信息。

新老落水洞茶王树，是来易武必须要观摩的。一来是因为交通便利容易抵达，二来是因为落水洞和麻黑是易武非常重要的一个小产区，产量位居七村八寨前列。这两个村寨的茶整体比较协调，细腻的花香下又有醇和的汤感，奠定了易武茶的风味底色。

麻黑村，也是易武寻茶重要的一个分界点。到达麻黑村界碑后，分叉路口往右拐，是去往大名鼎鼎的刮风寨。往左呢，则是去往大漆树、丁家寨的方向。

不多时，抵达丁家寨。丁家寨分为汉族和瑶族两个寨子，汉族的古茶树要更多一些。丁家寨的部分村民，是从弯弓大寨搬出来的。而弯弓的名气，熟悉易武茶的茶友听到一定都会眼睛泛光。

每次来丁家寨，都是中午时分，吃饭是头等大事。自从去年来易武，闯进李大哥家中吃了顿印象深刻的午餐后，午餐的事自此有了着落。提前和李大哥打好招呼，一桌堪称丰盛的茶山午餐早就准备好了。吃完午餐，正事是喝茶，在丁家寨随处一个茶农家能喝到什么好茶呢？

首先丁家寨是肯定可以喝到的，因为李大哥的房子建在被茶树包裹着的半山坡上，屋前屋后都是茶树。喝完丁家寨后，如果觉得还不过瘾，不妨大声问李哥一声："李哥，有弯弓么？"听完，憨厚的李哥就会走进茶室旁边的小房间里，找出一个塑料袋，里面装着所剩无几的弯弓。李哥说，弯弓就只有这么多了，自己留着喝的。

和麻黑相比，弯弓花香更加细腻，汤感清甜可人，颇受茶客喜爱。弯弓喝完，如果还不过瘾，不妨再问李哥一句："李哥，还有啥好茶？薄荷塘有么？"

这个可把李哥问倒了，老实的李哥停顿几秒后，说"薄荷塘是没有噶，白茶园有"。

最近几年薄荷塘火热起来后，一泡难求。高杆动不动几万块一公斤的价格，让薄荷塘封神。封神后的怪现象是，街上哪里都有薄荷塘卖，都有薄荷塘喝。明白人都知道，哪有

航拍的易武森野

那么多薄荷塘呢？而李哥呢，没有就是没有，也绝不拿别的茶来冒充薄荷塘。在薄荷塘还没有像今天这般炙手可热的时候，弯弓的名气更大。许多薄荷塘，被用来当弯弓卖。不过几年光景，薄荷塘火了，不少弯弓又纷纷当作薄荷塘卖。

话说回来，能用弯弓当薄荷塘卖的，都算有良心的。市场上那么多薄荷塘，是哪里的薄荷？又是哪里的塘呢？

薄荷塘没喝到，白茶园也是极好的。相比弯弓，白茶园就要更醇厚一些，不变的是共同的山野气息。为什么弯弓、白茶园、薄荷塘，这么令人着迷呢？凡是来过易武的人，都会有一个共同的感慨，生态环境太好了。相较于大规模的茶园，

中老边境的张家湾茶园

易武的茶树都是散装分布在森林里。而薄荷塘这些顶级小微产区，则更是潜藏在人迹罕至的国有林里。

如同武夷岩茶正岩产区一样，最好的口感来源于最极致的生长环境，而这种环境是无法复刻的。易武茶的好，是易武茂密原始的森林赋予的。来自山野秘境的茶香，每一口都是自然的气息。

白茶园喝完，终于和李大哥作别。盘山公路下山，抵达前往江城方向的省道时，右拐直奔张家湾。

张家湾位于中老边境上，算是易武相对较远的村寨。从寨子里出发，还要开十几公里土路，才能抵达张家湾在边境线上的茶园。盘山公路两旁，不时有几户木头搭建的房子，里面居然还有人住。和村里一栋栋的现代二层小楼相比，这里恍若是另一个世界。

给我们带路的另一个李哥说，很早以前不少张家湾的村民都是住在上面的，后面陆续搬了下去，继续留在山上的不多。约莫半个来小时，终于抵达了李哥家在张家湾的茶园。从路边的山坡往下走，穿过半个山谷的茶园，来到一片空地上。李大哥在荒草里，指着一块翻出的青石板，告诉我们清末这里是一个当地有名茶号的旧宅。顺着李哥手指的方向，我们大概用视线丈量了一下老宅的大小，总面积在300平方米以上。

很难想象，今天如此难以抵达的边境线上，曾经还有这样的荣光。而所有的荣光，都是易武茶给予的。

从张家湾返回易武镇时，已经是傍晚了。迷人的晚霞把易武的远山整个罩住。从任何一个方向，向远处眺望，我们都无比确定延绵起伏的群山密林里面，藏着普洱茶的如梦之梦。

易武，是一个每一次喝到都会兴奋的产区，更是每次抵达都会有新收获的地方。易武茶的价值，早已经被历史证明。我们所需要做的，唯有静静感受它，然后传诵它。

云霓中的百年茶香：倚邦

　　要想去倚邦，先要到象明。从易武镇出发，前往象明乡，无论车技多好，蜿蜒的山路怎么都要开一个小时。我们常说的古六大茶山，也称之为江内六山，分别为攸乐、革登、蛮砖、莽枝、倚邦和易武（古曼撒茶山），其中有四个在象明乡。清朝末年，易武茶兴盛起来前，六大茶山最热闹的当属倚邦。

　　雍正三年（1725年），雍正皇帝擢升鄂尔泰为广西巡抚，赴任途中，又改任为云南巡抚。鄂尔泰到了云南后的首件大事，就是"改土归流"，即逐步取消土司世袭的制度，改用朝廷选用的流官，负责属地的管理，加强中央对西南的控制。古六山地界改土归流后，为了方便普洱茶的产制运销，把倚邦作为古六大茶山的管理中心。从雍正年间开始，倚邦开始了一百多年的繁荣时光，直到清末攸乐人攻打倚邦，一把战火烧掉百年繁华。

以上这些，都是古六山的陈年往事，现在的许多人已经没有那么关心了。但是历史就是历史，永远无法磨灭，更不应该被忘记，因为其中隐着一根完整的脉络：云南普洱茶在清朝的繁荣，和政府的直接管理有关，倚邦是第一个中心，清末转到易武，民国时转至今天的勐海。

穿过浓厚的普洱茶史，今天吸引我们来到倚邦的，或许仅仅是"猫耳朵"就够了。而从象明乡出发，一早前往倚邦寻找"猫耳朵"的途中，遇见了最为梦幻的茶山云海。

前往倚邦的路，并不好走。依着山势修的水泥路，像是一条长龙。我们寻着长龙的身骨，穿梭在倚邦的群山之间。不多时，一个急转弯后，视线豁然开朗，眼前出现一片云海。云南拂晓的阳光，透过云缝瀑布一般地洒下来，正好落在云海上。不多时，太阳高升，云海温柔翻滚起来，把群山整个裹住。朝任何一个方向看过去，总会好奇云海下藏着什么：是又一个好看的寨子？还是又一片充满茶香的茶园？

就在这样的云海中，穿梭了将近一个小时，倚邦到了。

如今倚邦老街大概只剩下几百米的长度，几分钟就可以走完。而只要稍稍了解一点倚邦的过去，就会立刻明白，这几分钟走完的是倚邦将近三百年的芳华。整个老街仍然是青石板铺地，台阶处还留有当年的车轮痕迹。老街两旁不少房子的屋脚、刻有麒麟瑞兽图案的石雕，以及规格甚高的石柱，都昭示着房子主人曾经的显赫身世。老街中段还保留着曾经茶号马帮出发前往思茅的茶马古道，几乎也全是石板铺就，厚重的历史呼之欲出。

倚邦从雍正年间就开始管理六大茶山，繁盛一时，而今在翻腾的云海中守望历史。近年，倚邦凭借好喝的萌物"猫耳朵"再次出圈，被许多茶友捧为心头好。那么，猫耳朵在哪里呢？

离倚邦老街不远的曼拱村，是最佳的寻觅处。进入曼拱村后，当地茶农带我们去看了猫耳朵茶王树。这棵茶树，在云南众多山头的茶王里，算是个头小的，就生长在村里的小路边。其实"猫耳朵"的叫法，也是近十年才有。倚邦茶大多树形不高，叶子较小，也被称作"倚邦细叶茶"。而倚邦细叶茶中，有不少变异。有些的叶片呈细长型，形似鸡嘴，便取名"鸡嘴壳"；而那些呈椭圆形，不到拇指指甲那么大的，因为形似猫耳，就被叫作"猫耳朵"。

可能由于猫比鸡更受宠，渐渐猫耳朵这个名字就叫开了，越叫越响！猫耳朵的名气喊出去了后，茶价陡然上升。而真正的猫耳朵产量又极其有限，一"猫"难求。一棵茶树上，

倚邦老街的石刻，诉说往日的辉煌

倚邦猫耳朵茶树

即使是茶王树那棵，大部分叶子也并不是圆形的。倚邦人惯常说的"纯纯的猫耳朵"，产量不过几十斤，可谓是普洱茶界的"小熊猫"。

如果拿普洱茶国标"大叶种"的硬指标来说，倚邦的茶树鲜叶甚至都不具备成为制成普洱茶的资格。那么，为什么在倚邦会出现比江南茶区中小叶种还要小的茶树呢？

对于这个问题，有两个推测的答案。其一，明清时期，云南茶马贸易的兴盛，吸引了部分江西、四川等外人的迁入，也许他们带来了小叶种的茶树种子。其二，云南茶界的老专家张芳赐教授认为，小叶种其实是云南大叶种群落中的成员，特定的地理环境和气候土壤让它发生了变异。据曼拱村人讲，他们曾经把革登、蛮砖茶山的标准乔木型大叶种茶树茶籽引种到倚邦，发现长大后也会远不及它们在革登高大，叶子也变小了。

倚邦，真是一片神奇的土地。回到开篇那句"地理决定风味，风味成就历史"，倚邦就是很好的例证。

猫耳朵喝完，倚邦的云海终于散去了，远山疏朗开来，倚邦的过去和今天，也在脑中清晰起来。

倚邦，这份云霓中的百年茶香，我穿云霓而过。

贡茶的应许之地：曼松

到了倚邦，曼松是不得不去的。

曼松作为贡茶的历史，在《普洱府志》里有清晰的记载：
"清雍正十三年，普洱茶由倚邦土千总负责采办，定倚邦山曼
松所产之茶为贡茶，年解贡茶百担。"鄂尔泰雍正三年开始改
土归流，仅仅十年后，曼松就被采办为贡茶，其中的殊荣不言
自明。

时至今日，一泡曼松古树，仍然随时稳坐普洱茶第一梯
队，茶价相比冰岛老寨也是不分伯仲。曼松，何以成为贡茶
的应许之地？

从象明乡出发，前往曼松，约莫半小时就到了。车子穿
过写着"贡茶之源"的气派牌楼，进入曼松的小路，一时还没

有意识到自己走进了怎样的一个世界。

抵达曼松后，总感觉眼前明晃晃的，像是大地在闪烁一般。定睛环顾四周，慢慢确定一个事实：周围的山石和脚下的泥土，都是紫红色的。前往曼松王子山的路，尚未铺水泥，像是一条红色的长龙摇曳着龙尾。难道，曼松被选定为贡茶，是因为这漫天的紫红，充满皇家贵气？

在喝完一杯曼松小树后，我跟随曼松村小罗来到他的茶园。小罗说：这里的土都是红色的，种什么庄稼都长得慢，茶树更是如此。同样的茶树，种在曼松后，十多年也没太大变化。即便是曼松王子山的古茶树，也并没有特别粗大。头春的曼松古树，据说每年只有四十来公斤，自是一泡难求。

茶园看完，回到小罗家，他终于拿出了一泡今年春茶古树。之前在喝小树的时候，已经明显感觉出曼松茶细腻的花香，加之甜润的口感。曼松的小树价格，比一般山头的古树还要高不少，古树更是动辄五六万一公斤。

我们十多个人，围坐在小罗家的茶室里，每个人都捧着自己的品茗杯，静静看着小罗，像是等候皇帝"恩赏"一般：古树终于开泡了。头两泡下去，只感觉柔滑、淡雅、清甜。越喝到后面，汤感越来越醇和，却又总有着"春风化雨"般的温

眺望曼松，尽是红壤

曼松秋茶鲜叶

柔。一泡古树喝了半个来小时，到后面竟然感觉茶室慢慢消失了，也不知道自己身在何处。

恍兮惚兮，今夕何夕？

喝完曼松古树后，我们立刻明白，曼松能被选为贡茶的原因，只能是一个：好喝。这种细腻柔滑又馥郁清甜的茶，谁能不爱呢？如果拿浓烈霸气的老班章，许多皇宫贵族第一口未必喝得习惯。曼松茶外形上也舒直挺拔，神气十足。

曼松紫红色的沙砾土壤，含锌量比较丰富，遇水成泥，干后成石，成就了曼松茶独特的气韵。即使春尾的原料，随意制成白茶，也比其他山头的原料更加甜润。钟爱普洱茶的茶友，都熟悉一句话"一山一味，百山百味"，所有的味道，最终都是山头自然的味道，而自然是无可替代和复制的。

喝完曼松古树，还沉浸在它的美好中不能自拔的我们，趁着夜色到来前，离开了曼松。刚刚驶离村子，紫红色的世界不见了，重又复归米黄。

紫气东来，红瑞祥和，贡前御品，唯有曼松。

阳光普照：布朗山

离开被厚重历史和原生雨林裹住的古六山，来到勐海这个如今的中国普洱第一县，布朗山是不得不去的。

布朗，是一座山脉的名字，也是一个民族的名字，还是一款茶的名字。布朗族，历史记载是云南最早种茶的民族之一，古称"濮"人。茶在布朗族的生活中占有重要的位置。而布朗山，也是全国唯一的单一布朗族乡，位于中缅边境上。普洱茶圈声名远播的老班章，就产在这里。

出发去布朗山寻茶，有两条路，闭合成一个环线。从勐海县城出发，穿过大益基地，和勐混镇坝卡囡、坝卡龙两个寨子，一路山路盘桓中抵达布朗山名寨老曼峨。下车的那一刻，明晃晃的烈日下甚至有些睁不开眼。回想起在易武高山村，阳光穿过茂密的森林，斑驳的荫翳下散状分布的茶树，眼前的布朗山真是阳光普照。

老曼峨是布朗山脉历史最早的寨子，有一千四百多年历史，是一个典型的布朗族寨子。老曼峨有苦茶和甜茶两种，而老曼峨以"苦"闻名。基本上，普洱茶里苦味的极限，以老曼峨为标杆。纯料的老曼峨古树，一口下去，苦若黄连，不少人喝得龇牙咧嘴。但是几秒后，这种极限的苦，就转为甘甜，从喉咙底部涌上来。这种品饮体验，被许多人用来比喻人生"苦尽甘来"！

有标杆的口感，就会被人铭记，老曼峨就是如此。作为世界上最早种茶的民族，布朗族人会把茶树种在寨子周围，世代以茶为生，被茶哺育滋养。正因为此，抵达老曼峨后，去往茶王树的路，一点也不远。从老曼峨大佛寺的侧后方往上走，几分钟就能找到茶王树。

在朝见茶王树的路上，会穿过老曼峨古茶园。这个标准的乔木型大叶种古茶园里，每一棵古茶树每一个叶片都有手掌大小，叶片肥厚黑亮，叶脉隆起，锯齿清晰，一派气宇轩昂舍我其谁的气势。置身在老曼峨古茶园，感觉每一棵古茶树都在向我发出挑战：有本事，过来啊！

老曼峨的茶王树和茶后树，是连在一起的，眷侣一般。

老曼峨的神树

老曼峨茶树的寄生植物

而茶王树四周都搭着方便采摘的木架，将茶树紧紧围住，又有一种被人"胁迫"的既视感。称王称后之后，永远都是孤独的，所有山头都不例外。离开老曼峨茶王树的时候，有人发现一条蛇刚刚爬上茶王树，难道是神龙护体？

当"苦"成为风味标的后，老曼峨成为布朗山口感厚重的烙印。纯正的老曼峨，纵然是资深普洱茶爱好者也未必能完全接受。而老曼峨却深受普洱大厂喜爱，作为拼配的重要利器，与其他山头的原料融合，成就浓厚丰富的层次和底味。

老曼峨，是布朗山山脊的味道。

那布朗山山顶的味道在哪里呢？毋庸置疑，答案是老班章。

从老曼峨去往老班章，大概半个小时左右车程。而这半个小时，却过得飞快。因为老班章太有名了，心里对老班章的神往，让这段半个小时的山路，轻快不少。俗话说身虽未至，心向往之；而身在途中呢，则心早已至。

但凡对普洱茶有些了解的茶友，都听过老班章。稍微进阶一点后，大抵都喝过若干；资深茶客呢，或多或少都藏有一些老班章。顶级发烧友对于老班章，则是如数家珍，每年不惜重金买老班章的头春古树已经是例行公事一般。对于老班章的熟悉，可以精确到几号人家，哪片茶地，甚至哪几棵古茶树。对于茶叶经营者，尤其以普洱镇店的，没有老班章，生意怎么做得下去？

老班章，作为真正的茶王，已经高度符号化了，变得异常抽象。许多人都在谈论一件事情的时候，这件事情的本真面貌，反而不容易看得清，即便你到了老班章村也一样。

抵达老班章村，气派高大的大门，像是在迎接所有远道而来的茶客，又像是在宣示着什么。毕竟这是老班章的大门，还是新近又翻修过的。

进入老班章村，村口有一个银行，银行旁边是陈升号的初制所。许多人介绍老班章时，一定都要提到这个银行。大致的说辞是：老班章山头热门后，现金交易巨大，为了保障资金安全便捷，专门建了个银行，俨然一座现代的财神庙。接着往老班章村的中心走去，更是感受到这里"都是钱的味道"：一栋比一栋大的豪宅，在村里的各个角度拔地而起。许多房子一层的建筑面积就有好几百平方米，然后好几层叠上去，城堡一般。而这样的房子，只是老班章村一百多户人家中的一户。

穿梭在这些豪宅之间，你需要不时仰起脖子，来"欣赏"每一栋豪宅的风采。有的大理石铺满所有墙面，有的弄些罗马式的柱子立于门前，有的则在三楼四楼修起硕大的阳台……据说有建筑工程队专门驻扎在老班章村，帮村民盖房子，一直生意兴隆。

成就这一切的，当然还是老班章在茶圈俨然成为普洱茶的金字招牌。现在的老班章是一个哈尼族的寨子，而这里的古茶树，最早属于布朗族的老曼峨村民所有。三百多年前，应哈尼族人的请求，老曼峨布朗族先民把老班章村周围的山地、林木、田坝以及已有数百年树龄的大茶树一并出让给了靠近南糯山的哈尼族人。为此，老班章哈尼人自建寨先民直至20世纪90年代末，岁岁年年向老曼峨寨奉献谷种及牲畜，以示世代不忘布朗族的恩典。

老班章村的哈尼族人，后来又在老曼峨留下的茶地基础上，种下了更多的茶树。终于，口感霸气回甘迅猛花香馥郁的老班章茶，逐渐征服了越来越多的普洱茶爱好者。崭新的故事开始了，老班章村旧貌换新颜，一骑绝尘。

老班章的古茶园面积大概四千多亩，产量几十吨。在顶级的普洱山头里面，老班章的茶园面积和产量都是不低的。而其越来越高的身价，让老班章的产量还在以"各种方式"增长。其中的纷繁复杂，折射出普洱茶近二十年的巨大变化。

老班章的每一棵古茶树，都价值不菲。那老班章的茶王

老班章春茶鲜叶

树呢，更是茶王树中的茶王树。老班章茶王树离村子不远，走个十多分钟就可以到。到了老班章村，除了品一杯老班章，打卡茶王树也是所有茶客必备项目之一。于是，茶王树成了热门景点，游人络绎不绝，拍照留念有时都需要排队。

最近几年，老班章的茶王树长势不怎么好，已经被村民悉心保护起来。

看完茶王树，沿着两旁都是古茶树的水泥路往村中走，不禁想起几百年前最早在这里种下茶树的布朗族人，和后面迁徙到这里定居的哈尼族人，他们对这些茶树，有着怎样的期待？在种茶卖茶满足生计之余，是否能想到若干年后这些茶树，可以搅动整个普洱茶市场的风云。

回到开篇的那句话："地理决定风味，风味成就历史。"布朗山山脉，平均海拔在 1500 米以上，日照充足的古茶树所制成的普洱茶，风味浓烈厚重，回味持久。喝过，就会难忘。

离开老班章，经过班盆、贺开，就回到了勐海县城。班盆的古树茶也非常好喝，花香细腻，汤感又不失厚重。贺开呢，则有万亩古茶园，著名的西保 4 号就在贺开。

阳光普照下，整个布朗山脉，都无比璀璨。

茶王朝见录：南糯山

如同一般游客到了西双版纳，必须要去告庄夜市和野象谷游览一番，几乎所有的茶友到了勐海后，一定要上一趟南糯山，看一看茶王树。

茶王树的概念，应该最早发源于南糯山。1951年，南糯山发现了树龄达到800年以上的古茶树，树形魁梧测大[1961年调查时，树高5.48m，树幅10.9m×9.8m，主干径139.4cm，属于普洱茶种（C.sinensis var. asssamica）——虞富莲《中国古茶树》]，蔚为壮观。这棵茶王树的发现，为证明云南是世界茶树发源地提供了有力支撑。后来还是因为年代久远，树干中部枯朽，这棵茶王树在各种保护措施中还是于1994年"仙逝"了，只留下粗大的树根供人瞻仰。

1990年12月，时年83岁的赵朴初老先生，赴勐海时，还专程到南糯山考察，看完茶王树后，欣然写下"南行万里拜茶王"的名诗："问年已近二千岁，黛色参天百丈强；坐看子孙满天下，南行万里拜茶王。"

朝代更迭的戏码，中国人几千年来司空见惯。老茶王"驾崩"后，新茶王"登基"，南糯山仍有茶王树。于是，大家还是每到勐海，必来打卡，美其名曰"茶王朝见"。看的人越来越多后，"茶王"的概念愈发深入人心。继而云南各地，乃至其他茶区，一众"茶王"纷纷被"册立"。如果把全国的茶王树，召集在一起开会，估计也是一个浩大的阵势。很好奇茶王们聚在一起，会聊些啥呢？

其实各地"茶王"热所反映出的，是我们对于古茶树和大茶树的迷恋。带着这种迷恋，到了勐海后，我直奔南糯山。

南糯山除了那棵茶王树，关于茶的看点还是颇多。南糯山，还有一个别称，叫作孔明山。据说当年诸葛亮南征，路过南糯山，士兵水土不服，生了眼疾。诸葛亮用手杖插入土种，化为

南糯山茶王树

茶树，摘下叶子煮水给士兵服用后就好了。其实当年诸葛亮南征，是没有到达滇南的。诸葛亮教大家种茶的传说，却在云南许多地方都有，可见云南人对于诸葛亮的热爱。

南糯山，以哈尼族为主，哈尼族在云南的种茶历史也十分悠久。罗马不是一天建成的，南糯山也不是一天种成的。几百年来，南糯山的哈尼族人种下了大量的茶树，据统计有1.2万亩之多，就这样为南糯山赢得了另外一个被外人津津乐道的头衔——"全球古茶第一村"。

从半坡老寨往上再走一点，就到了朝见南糯山茶王树的入口。从村旁边一条不时看到几颗树番茄的窄窄的小路穿过，就会看到一个中英文标示小木牌，上面写着"距茶王树2000步"。一路往里走，又一个小牌子出现，赫然写着"距茶王树1500步"。从这个无比精确的"步行导航"也可以看出，每年来看南糯山茶王树的人，必然不在少数。

沿着导航，顺着山腰下面铺着石砖的小路，径直往里面走。山坡上下，全是大小不一的古茶树，随眼可见，唾手可得。南糯山生态环境良好，许多茶树都生长在高大的雨林乔木下。从上方照射下来的漫射光，是最适合茶树生长的。较之于布朗山太阳直射下的老曼峨，南糯山的茶风格上要柔不少。

大概半个小时左右，就能走到半坡新寨的新茶王树跟前。现在的茶王树，早已经被栏杆围起来，不让人上前踩踏和攀爬。中国农业科学院茶叶研究所研究员虞富莲在《中国古茶树》（第227页）一书中对于这棵树的记载，是这样的："海拔1558m，2002年被定名为'南糯山大茶树'，栽培型。样株小乔木型，树姿半开张，树高5.3m，树幅9.4m×7.5m，基部干径34cm"。

相较于1994年死掉的老茶王，新茶王的根部直径要短105cm，气场上还是要逊色不少。然而新王已立，南糯山的万亩古茶树都要听它号召，所有的茶客也受到召唤，前来朝见。

来回五千余步，穿过千年时光，沐浴浓郁茶香，感念"朝代更迭"，这就是漫游南糯山之——茶王朝见录。

时光博物馆：勐宋保塘

离勐海县城不远的勐宋，作为新六大茶山之一，虽然名气没有布朗大，但是占着绝对的"地利"——西双版纳的最高峰滑竹梁子（海拔 2429 米），就在勐宋。

去往滑竹梁子的路上，会经过保塘老寨。保塘老寨是一个汉族寨子，往上海拔更高的地方，还有善做竹筒茶的拉祜族居住。

远近闻名的保塘老寨的古茶园里，粗大的古茶树分布集中，树形魁梧，错落有致，看点十足。著名的西保 8 号和西保 9 号，都在保塘。两棵保塘老寨的大茶树，相距不过几百米。其中西保 8 号，树高约为 9.2 米，树冠直径 7.2 米，基围 2.1 米。从任何指标来看，两棵大茶树，都是茶王树的级别。当你看过老班章茶王树和南糯山茶王树之后，再到保塘看到西保8号，会觉得之前两棵也不过如此。

许多人都知道保塘有古茶树，且不止一两棵，是成片的古茶树，于是纷纷来看。渐渐地，保塘的古茶园，有了一个响亮的名号："古茶树自然博物馆"。

那么，为什么保塘的古茶树会如此集中，又如此粗壮高大呢？重回勐宋再上保塘后，发现了答案。

当我们再一次走进保塘的古茶园，一棵又一棵古茶树，宛如博物馆藏品一般，依次陈列在小径的两侧。我们的向导，是保塘的茶山王子小胡，一个有些腼腆却质朴动人的95后制茶人。他对这一片从小生长的茶地，特别熟悉。

一路上山的过程中，小胡告诉我们，保塘的大茶树，并不是每一棵都特别好喝。好喝的几棵，每年都会被大茶厂的老板整棵承包下来，价格不菲。当我们问到，为什么有些大茶树没有那么好喝呢。小胡说，有些大茶树是"野茶"，没有"家茶"好喝。

"野茶"是什么？荒野的茶么？当我们走进小胡家一棵粗大的"野茶"前，摘下树上硕大的茶花，拨开黄色的花蕊，看见五个柱头后，立刻有了答案：这是一棵野生大理种大茶树。

保塘小王子 胡照强

我们大部分时候谈起普洱茶时，都是在山头、树龄、年份等维度，作无尽的周旋。鲜有人知道，或者愿意花时间去了解，云南作为世界茶树的发源地，茶树的分类有多复杂。我国著名的植物学家张宏达教授，在 1998 年出版的《中国植物志》里，把茶组植物分成 4 个系，31 个种 4 个变种。

小胡所说的"野茶"，是茶树进化上更为原始的品种，一般含有更多的子房室和柱头。保塘的野茶，有 5 个柱头，属于五柱茶系里的大理种（C.taliensis）。保塘老寨上面的森林里，还有树形更为高大的茶树，生活在滑竹梁子的村民都知道那是野茶。而《中国古茶树》（第 226 页）里，也记录了一棵滑竹梁子的古茶树。这棵古茶树编号为滇 319 号，生长在海拔 2391 米的滑竹梁子，属于野生型大理种，树高 10.5 米，基部直径达 65.3 厘米，几乎是南糯山茶王树（34 厘米）的两倍。

被庙宇敬的西保①号

但是野生型茶树，口感并没有那么好。在后面的漫长岁月里，渐渐演化为更加好喝的普洱茶种，也就是阿萨姆种（C.asssamica）。而古代的先民在引种茶树的时候，也会更加优先选择栽培好喝的普洱茶种。所以在布朗山、南糯山，上千年来就有布朗族人和哈尼族人世代种茶的地方，大量的古茶树都是普洱茶种。在西双版纳之巅的保塘老寨和滑竹梁子，野生型大理种万年前就已经存在了。

在演化的过程中，"家茶"和"野茶"又会不断杂交演变。一般来讲，野生型大理种的古茶树，可以长得更加高大。临沧凤庆县香竹箐的那棵锦绣茶尊，就是大理种。故而，我们随后在保塘古茶园里，还发现了4个柱头的茶树，就是大理种（5个柱头）和普洱茶种（3个柱头）结合的产物。这棵茶树，正好是小胡家的。下山喝完一泡后，有种说不太清楚的味道。相比于大理种，这棵有4个柱头的茶口感清甜不少，但是香气又没有普洱茶种丰富。真是介乎两者之间，颇为神奇。

保塘老寨的古茶树，为什么整体上十分粗大，和滑竹梁子的森林里有大理种有密切关系。重新回看保塘，发现了更加原始的茶树基因密码，也让我对这个"古茶树自然博物馆"有了全新的感受：这是一个真真切切的古茶树"时光博物馆"。

斗转星移，保塘还有哪些时光故事，尚未被挖掘和讲述？

山音太古：景迈

景迈的故事，要从千年前的一桩婚事说起。现在的景迈，是一个以布朗族为主的山头，隶属普洱市澜沧县管辖。而更早的时候，景迈是归版纳傣族土司所有。傣族土司在将自己的第七公主嫁给景迈首领叭岩冷时，把整个景迈作为公主的嫁妆，送了出去。

这么大的"嫁妆"，真是古今少有。

叭岩冷非常能干，知道茶是好东西，于是号召景迈山的布朗族人大力种植茶叶，死前留下了遗训："到我死后，留下金银终有会用完之时，留牛马牲畜，也终有死亡时，留下这宝石和茶叶给你们，可保布朗人后代有吃有穿"。这个遗训，让景迈山的布朗族人千年以来以茶为生，至今尤甚。后来，叭岩冷在景迈被奉为茶祖，芒景村里还设有供奉叭岩冷的庙宇和七公主亭。

景迈的这两个故事，也更进一步说明，布朗族（古濮人）种茶历史的悠久，以及对茶的珍视，千年以后，世代种茶的景迈布朗人，依旧以茶为生。

一早从勐海出发，去景迈寻茶，经惠勐公路和219国道，需要将近三个小时才能抵达景迈山。到了景迈山脚下，已经将近中午，没想到还在观景台看见了壮阔的翻腾云海。同样是云海，倚邦的是晨曦时的山林吐纳；而景迈呢，则是阳光下的水雾蒸腾。常说一山一味，百山百味，后面似乎还可以加一句：一山一云海。

看完云海，继续上山。从景迈山脚下，一直往上到翁基大寨和景迈古茶园，都是小方石板铺就的盘山路。石板路两旁，归置整齐干净明亮，一路神清气爽。景迈古茶园里，行人步行的石板路和古茶树，也被用竹栅栏小心翼翼地隔开，连垃圾桶都是竹筐编就，古朴自然。古茶林里面的许多古茶树，还有大量寄生植物生长在茶树上，生态环境保持得非常好。沿着小路，看着古茶园，可以一直走到佛寺。

从古六山看到新六山，最后到景迈，不得不说，景迈是目前所有古茶山里管理做得最精细的。景迈既把千年来的古茶

行走景迈山古茶园

景迈糯干老寨

园保护得很好，又兼顾了茶友和游客进山寻茶的诉求。不少茶山，在山头热门后，无序开发，随意建起大小不一的初制所和房子，破坏了整体的自然生态和人文生态。

景迈山的古茶林文化景观，正在申报世界文化遗产。看来，千余年前景迈茶祖叭岩冷对保护茶树的叮嘱，一直从未被景迈人忘却。

离开古茶林，回到景迈大寨的茶仙子家喝茶，古树、白茶、晒红一连喝过来，都是温柔甜润的口感。坐下静心喝茶的时候，还不时想起进山时看到的云海。景迈茶，和布朗山比起来，要甜润许多，比较流行的说法是"班章为王，易武为后，景迈为妃"。但是景迈的甜，和易武的甜，又有差别。易武是细腻的花蜜香甜，景迈是绵柔的兰香甜。

我想，景迈的甜，有一半是直到中午才散去的云海所赋予的！

喝完茶后，来到景迈的糯干老寨，瞬时觉得时间凝固了，像熬煮而成的普洱茶膏。糯干老寨，是一个有着上千年历史的傣族老寨，据说仍然保留着母系社会的组织架构。女人不是嫁出去而是"娶男人"进来，如果不喜欢还可以休了丈夫。

糯干老寨，四面环山，一百多户村民，依旧居住于传统的傣族干栏式木屋，透出一股不加任何人为修饰的古朴。从山腰上往下看去，100多个木屋依着山势，高低错落分布，并然有序。老寨后方，傍晚的阳光穿过种着茶树的山林射进来，那一刻面对无法言说的美，眼睛都不舍得眨一下。

老寨里面，仍然生活着许多傣族老人。傍晚时候，有些村民正在处理白天采下的鲜叶，有铺在二楼阳台开始萎凋准备做成红茶的，也有支起小铁锅不时翻炒、准备制成晒青毛茶的。还有些人，正在准备晚饭，屋前的小炉子里面，炭火炙热，锅里到底在炖煮着怎样的美食呢？虽然第一次来到糯干，并不认识他们，但是好想留下来吃一顿晚饭啊。

遁入景迈，只觉山音太古，瞬时已过千年……

三.一 云南竹筒茶

绿竹猗猗，香茗如斯

2019 . 11 .

还是在西双版纳，邂逅了一段竹子和茶的奇遇。云南竹筒茶，我想先聊聊竹子。

翠竹的罗曼小史

　　若论起中国人最喜欢的颜色，红色也许会毫无悬念地夺冠。紧接着排在第二位的，大概就是绿色。而许多人一想起绿色，很直观地就会想到竹子：遮山成林，终年青翠，随风摇曳，得月成影。

　　除了身形之美，竹子在古早的时光里，就已经被人用来寄托情感。《诗经·卫风·淇奥》里写道"瞻彼淇奥，绿竹猗猗。有匪君子，如切如磋，如琢如磨"，竹子俨然是一个风度翩翩的君子，学识渊博，落落大方。到了后来，又与梅兰菊一起，被人颂为"四君子"，以其刚直不阿、虚怀若谷的姿态立于世间。

　　中国人对竹子的爱，苏轼在那首《於潜僧绿筠轩》里已经表达得一览无余："宁可食无肉，不可居无竹；无肉令人瘦，无竹令人俗"。

时间再往前一点，还有一位竹痴。东晋著名书法家王羲之的儿子王徽之，为人高雅，生性喜竹，每次搬家后，必定第一时间安排人在庭院里种上竹子。有人问及何故，王徽之只说："何可一日无此君。"在王徽之的眼中，竹子成了与衣食一般的存在，不可一日无它。

　　竹子在中国古代文人心中的位置，无以复加。

　　从约一万年前开始，这种便于利用的植物，在山野里被人类选中，加以广泛栽培。竹子，初而为笋时，是食物，味道鲜美，是一道时令佳肴。待笋子破土而出，趁着春风润雨，不多时便可长成树高。成年的竹子，又被充满智慧的中国人制作成各种器物：竹筏、桌椅、筛子、篮子……甚至可以制成竹桥或是整栋建筑。

　　"何可一日无此君"，对于王徽之来说，竹子是精神食粮，不可或缺。而这句话，对于每个普通的中国人来说，也同样适用：每天的生活，没有办法完全离开竹子制作的器物。甚至，在商周的甲骨之后，东汉造纸术发明之前，在两千多年的时间里，中国文明是被记录在用竹子做成的竹简上。在《辞海》里，带"竹"字旁的汉字，有两百多个。历代诗词歌赋里，竹子作为文化符号，反复出现，构建出独特的精神家园。

竹子对于中国人来说，已经远远超过它本身作为植物的意义。竹子，无处不在，最为寻常；又恰恰因为其无处不在，而非比寻常。

那竹子，又是如何和茶相遇的？

竹与茶的相遇

　　竹子，本身就是一款"茶"。中国人对茶的理解很宽泛，一切可以用来泡在水里并且饮用的都可以统称为"茶"。把竹叶晒干，直接用开水冲泡，"竹叶茶"就此诞生。

　　"竹叶茶"严格意义上，毕竟不能称之为茶。竹子，因其高度的可塑性，在更多时候，是以茶叶的外包装形态与茶产生联系的。这样的"缘分"，在许多中国茶里可以找到佐证。

　　我们非常熟悉的普洱茶，蒸压成饼后，会用笋衣将四围紧紧包裹起来。笋衣在竹子还是笋子形态的时候，帮助尚为柔嫩的笋子避寒避水。正因为笋衣能够遮风避雨，所以成了需要长距离运输的普洱茶的天然保护伞。七饼一提，裹上笋衣后，成年竹子制成的竹篾丝又正好用来扎紧固定。

没有竹子的助力，我们尚且无法想象普洱茶将以怎样的形式跋山涉水，远渡千里。

同样的故事，在安化黑茶和雅安藏茶身上又以另外的脚本演绎着。在雅安藏茶里，约莫一厘米见宽的竹篾，直接被编为长方形，蒸软后的藏茶被填在里面，笋衣被竹子本身替代了。

除了竹子本身，笋衣还有其他的替代品——箬叶。

在安化千两茶里，竹篾被编成直筒状，用作外包。在茶叶与竹子之间，还有一层箬叶。箬叶的功能也还是防水，和笋衣一样。茶叶、竹子和箬叶，三者之间这样的组合模式，在安徽黄山的一款小众黑茶里，也能找到身影。

产自祁门县南部芦溪乡的"安茶"，竹篾被编成一个个小篮子，小巧精致。竹篮里面一圈箬叶紧紧包裹着茶叶。陈年安茶在冲泡时，箬叶也一并投入水中，茶香和箬香彼此交融。

在竹子与茶相遇的故事里，竹子始终是配角。竹子化成各种形态，一心只为了护住茶叶，免受风雨之苦。这样想来，甚为动人。

其实，竹子与茶，还有另一种形式的相遇。在白茶、红茶和乌龙茶的制作过程中，竹子制成的各种筛子，成了必不可少的工具。尤其在祁红工夫的精制过程中，用成年竹子做成的不同号头的筛子成了最为关键的工具。筛子的好坏，直接决定了祁红工夫的品质。

在很多时候，我们几乎可以说，是竹子成就了许多名茶今天的样貌。

竹与茶的相融

这个世界上，任何物种之间最好的合作模式永远是：互相成就彼此。在竹子与茶这么多相遇的故事里，只有一个故事，真正做到了这一点，那就是竹筒茶。

竹筒茶，多产自云南西双版纳布朗族、拉祜族、基诺族等少数民族。竹子，在云南少数民族那里被利用的模式则更为直接。除了被用来制作各种器物外，还被当作炊具，竹筒饭就是家喻户晓的代表。

竹子中空的特性加上良好的耐热性，使竹子变为炊具成为可能，也为竹筒茶的诞生提供了基础。

不是所有的竹子都适合用来制作竹筒茶。香竹，又称甜竹，汁液丰富，清香甘爽，具有沁人心脾的芳香，最适合用来

鲜竹炙烤出水分完成茶叶蒸压过程

制作竹筒茶。将云南大叶种晒青毛茶的原料，装在新鲜的香竹内，放在炭火上炙烤。炙烤的过程，香竹内的水分被炭火激发出来，带着竹香的蒸汽把干茶蒸软。由于竹筒内空间较小，一次性无法放入大量的干茶，整个炙烤的过程，以六分钟左右为一个周期，不断循环反复填充干茶、炙烤、再填充，直到把整个竹筒填满。

　　整个炙烤填充的过程，其实就是普洱茶蒸压的过程，只不过容器变成了香竹，水分来源也来自香竹。在香竹炙烤填充的过程中，香竹内的许多成分通过水分的载体形式，与普洱茶融为一体。填充完成后，还需要把整个竹筒用文火焙干，才可以长时间储存。

制好的竹筒茶，与竹融为一体

竹筒茶，由于工艺的特性，口感上竹子的香甜很好地融入了茶中。这一次，竹子不再是茶的配角，而是以主动出击的姿态，与茶叶完整地融为了一体。茶香中带着竹味，竹味里藏着茶香，从此你我不分。

竹筒茶，与拉祜族等少数民族对竹子和茶的原始理解是分不开的。他们本能地认为，竹子是一个容器，而且竹子这个容器还不易被虫蛀。既然是容器，那就可以用来装茶。在把茶叶装进竹筒内的过程中，竹筒茶就由此诞生了。至今，在拉祜族的寨子里，还可以看到许多竹筒茶悬挂在屋檐下。竹子和茶，就以这样"相濡以沫"的形式，在漫长的岁月里陪伴拉祜族人，完成四季的劳作。

这个世界上，许多美妙的事物，都是偶然而生的。竹筒茶，是竹子和茶的终极相遇。二者都曾是，也一如既往会在中国人日常生活和精神生活里，扮演举足轻重的角色。

从这个意义上来讲，竹筒茶，宛如"神迹"。

美丽的澜沧江

《北回归线》是美国作家亨利·米勒的第一部自传体小说，其中有一句写到『我爱流动的一切，一切拥有时间，正在成长的东西』。

北回归线，即北纬23度，是太阳在北半球能够直射离赤道最远的地方。北回归线，穿过中国的广东、广西和云南三省，茶香流动其间，山河伴着时间成长。每一天，总是乌崇山的单丛最早看到日出，大概二十分钟后轮到梧州的六堡茶，再过半个多小时，澜沧江两岸的古茶树也终于开始沐浴阳光。

阳光从东往西，虽有早晚，恩泽却是一视同仁。茶树从南到北，却又千变万化，开始在这个纬度开拓出更多的可能！

23°N 云南 广西 广东

三·二 凤凰单丛

潮州城的水与火，乌岽山的日与夜

2019·12

六大茶类，以乌龙茶香气最为多变，而乌龙茶家族里，又以凤凰单丛的香气最为丰富。许多热爱单丛的茶友，干脆把单丛奉为"可以喝的香水"。

闻香识女人，赏味辨山韵

1985 年，德国作家聚斯金德出版了他的第一部长篇小说《香水》，随即引起轰动，成为有史以来最成功的德文小说之一。《香水》讲述了一个名叫格雷诺耶的人，天生没有体味，却有着异于常人的灵敏嗅觉。凭借惊人的天赋，格雷诺耶造出了令所有人魂牵梦绕的香水，仿佛独创了一门宗教，用"香味"就可以控制万千信徒。

其实，未尝不可以说，中国茶的演变史，也同样是一部对"香味"的追逐史。"可以不倾听美妙的旋律或诱骗的言辞，却不能逃避味道，因为味道与呼吸同在"，聚斯金德在《香水》里如是写到。

因为与呼吸同在，所以我们一刻也离不开茶，尤其是香气好的茶。

在聚斯金德的小说里，格雷诺耶花了七年时间环游法国，终于造出了摄人心魄的香水。但是这种香水毕竟只能用来闻，而产自凤凰山的单丛，除了有馥郁的香气可以入鼻，更有甘醇的茶汤可以过喉入心。

凤凰单丛，以"一树一香型，丛丛不同味"闻名。据调查，凤凰山树龄 200 年以上，单株产量 1 公斤干茶以上的老茶树有 3700 多株，有确切名字的单株才几百株。

"单株采摘""单株制作"是凤凰单丛最为人乐道的地方。其实即便在凤凰山，也只有树龄百年以上，产量在 2 公斤以上的单株，才有单独采制的价值，毕竟春茶季那么忙，乌龙茶的制作又那么费时费力。

现在的凤凰单丛，根据株系和风味的不同，大体上分为十大香型。不同产区的同一品种，因为生长环境的差异，香型上又会各有不同。每一个大的香型里，可能又会包含几十种不同相近的香型，错综复杂，每个初品单丛的人，都仿佛走进了一个香气迷宫，沉醉不知归路。

大部分乌龙茶，都是以产地加品种的方式命名。而到了凤凰单丛，我们首先要厘清的是属于什么香型，紧接着才去区别产地和品种，颇有一种"闻香识女人"之感，也正如东坡先生所言"从来佳茗似佳人"，闻香识人，最为优雅。

乌岽山茶园远眺

水火相容，日子才能活色生香

在凤凰单丛的故乡，每天的生活，都是从生火煮水泡茶开始的。整个潮州，就是一个大茶馆。小茶馆林立的同时，街头巷尾的各式小店门口，也都随处可见茶船和品杯，随时演绎着行云流水的日常。

除了喝茶，潮州人和潮州客还喜欢吃火锅。潮汕地区的牛肉火锅，也早已成为众多饕餮客来潮州必须体验的项目。各式手捏牛肉丸、牛肉粉丝、牛杂店，无孔不入地渗透在潮州的每一个角落。

常常有人戏言：没有一头牛能活着走出潮州。

对于喜欢吃牛肉这件事情，潮州人表现得十分淡定。常常看见，街边的小店老板，在忙完了一天后，一边用新鲜牛肉烫着火锅，一边喝着工夫茶。潮州城在水火之间，有着自己的平衡之法，因为两者早已是这座城市的内在肌理。

同样融入潮州记忆的，还有潮州人对于韩愈的怀念。公元 819 年，也正好是 1200 多年前，51 岁的韩愈因劝谏唐宪宗李纯不要过度礼佛，从刑部侍郎贬黜为潮州刺史，从此京师一去千里。

到了潮州的韩愈，杀鳄鱼、修水利、赎奴婢、兴教育，桩桩件件都为百姓叫好，后来潮州直接把穿城而过的"恶溪"（里面有很多鳄鱼），改名为"韩江"，以此来纪念韩愈。

从韩愈开始，中原文化对潮州开始产生深远的影响。尊师重教，崇学好文，以儒传家，让这个"水火相容"粤东小城，显得无比从容。

雅俗共赏，工夫因此俯仰皆是

在潮州，凤凰单丛茶、手拉朱泥壶、潮州工夫茶艺，三者互为搭配，共同演绎出馨芬茶香。"茶器艺"的高度融合，给人一种强烈的自成体系之感。三者之中，从"技"的层面传播最广的，该属潮州工夫茶艺，"乌龙入宫""关公巡城""韩信点兵"等招式早已被广大茶友熟记于心。

中国人烧水煮茶的历史久矣，但是真正开始变得规范起来，还是要从陆羽的《茶经》说起。陆羽在《茶经》的"四之器"和"五之煮"里，就详细交代了烹茶所需的器具和具体用法。单"器"一项，陆羽就罗列了包括"风炉""碗""巾"在内的25种器具，具体形态，我们从1987年法门寺出土的那套鎏金茶具可以看到全貌。

回看《茶经》所录泡法，我们倍感陌生。自明初流行散

潮州工夫茶茶具

茶以来，唐时泡茶的仪轨就逐渐消失，唯独在潮州工夫茶里，得到了最多的保留，并逐步总结为"二十一式"。

从程式化的泡茶仪轨里，我们看到了潮州工夫茶对"五行"（茶为木，炭为火，泉为水，器为金，炉为土）的平衡运用，更看到了潮州工夫茶对中国古代茶文化的直接传承。

其实在潮州，除了这种程式化的泡茶仪轨，我们看到最多的还是街头巷尾百姓厅堂内的生活化呈现。正如潮州工夫茶非物质文化遗产传承人陈香白先生所言，潮州工夫茶的传承是以家庭为单位的，潮州工夫茶的精神核心是一个"和"字，而"和"的核心则是"孝"。

任何一个潮州家庭的客厅，是一定有一套工夫茶具的。每次喝茶，也必须是家庭里最年长的人负责泡茶。潮州工夫茶的茶船上，只有三个杯子，如果客人多于三人，就要轮流来品，长幼的秩序，就从一泡茶的流程里得以身教。潮州人，把"礼"春风化雨般融进了每天的工夫茶里。

我们可以静坐下来，伴着古乐，欣赏一次潮州工夫茶"二十一式"仪轨，也可以走进任何一个潮州家庭的客厅，简单地喝一泡工夫茶，听听这个家族过去的故事。因为雅俗共赏，所以潮州工夫茶在潮州成了俯拾即是的存在，更成了潮州人的文化乡愁。

日夜以继，单丛方得兰香密韵

　　凤凰单丛最为纯正的"山韵"，依然还潜藏在凤凰镇。凤凰镇，位于潮安北部山区。从潮州市区出发，一路山路盘桓，才得以抵达。

　　在凤凰山，"天无三日晴，地无百步平"的乌岽山，又是另一个金光闪闪的存在，就好像牛栏坑之于武夷山。乌岽山，海拔1300多米，终年云雾缭绕，黑云母花岗岩组成的山体给茶树提供了良好土壤基础，令凤凰单丛呈现出独特的"山韵"。

　　在离乌岽村不远的大庵村，有一片面积较大的古茶树保护区，那棵最出名的茶树"宋种"就静静地生长在这里。入得园内，拾阶而上，两侧"梯田"式错落的茶园里，全是百年树龄以上的单丛，动辄三四米高树干布满青苔的茶树，夹峙着石

小乔木的凤凰单丛茶树

阶，蔚为壮观。江南茶区灌木型的茶树，对比华南茶区小乔木型茶树，显得颇为秀气。

和武夷岩茶一样，为了防止水土流失，乌岽山的茶农会用开凿的岩石，把一行行的茶园茶土固定起来，每年还要定期翻土，保持土壤通透性。凤凰山能有这么多百年以上树龄的古茶树，得意于凤凰山茶农世代的悉心管理。

拥有了这么好的原料，凤凰单丛在加工上也同样十分讲究。在采制上，茶农有"三不采"的规定，即太阳过大不采、清晨不采、下雨不采。一般，乌岽山的茶农，要等浓雾散去后，才会开始一天茶叶的采摘，采完后，下午进行晒青，晚上做青。

同样是做青，不同于闽北乌龙的手筛摇青，凤凰单丛在做青的手法上，最开始讲究"手工碰青"。通过双手捧起茶青，轻轻抖动，使其自然落下，使茶叶边缘发生轻轻摩擦，从而促进从茶青走水。

通过最温柔的手法，让单丛的香气得以最大程度的发展，这是凤凰单丛得以成为"可以喝的香水"的秘密之一。

清晨的乌岽山，浓雾笼罩；日出雾散后，乌岽山的茶农开

即将做青结束的单丛鲜叶

始采摘一天的鲜叶；过午，天气晴好，让单丛的鲜叶在蓝天白云下晒青；入夜，星光布满乌岽的天空，单丛的鲜叶在碰青和静置的交替中完成了做青；等到又一个清晨到来的时候，香气终于定型，才开始杀青、揉捻、干燥，而后又来一轮，如此反复。

乌岽山，就是在这样的日以继夜里，完成了一批又一批单丛的制作，才得以成就了它独特的兰香蜜韵。

日以继夜，年复一年，岁月静好而深长。

三〇下六堡茶

通江达海亦穿梭日月

时间转入深秋，北半球马上入冬，天气渐次冷下来的时刻，不少茶友出门都会随身带一个小焖壶或者保温杯。随时能够喝上一口的热茶，是茶痴老饕们最安稳的快乐。

拧开这些焖泡壶或者保温杯的盖子，倒出的温热茶汤大概率是老白茶、年份熟普还有陈年六堡茶。

一杯"红、浓、陈、醇"的六堡茶背后，潜藏着远比它温润平滑的茶汤更多的故事。

苍梧故里，千年悠悠已度

我是在秋天的夜晚抵达梧州的，一下动车，就感觉整座城市沉浸在一种只属于南方的慵懒中，一切不徐不疾地从容着。

因为平常六堡茶喝得并不多，心里对六堡的概念几乎是一片空白。来梧州前，我特意没有查阅任何关于六堡茶和梧州的资料。完全放空，是我梧州之旅的初始心态：行前预设的概念越少，应该越有新的发现。

在和六源茶业刘建明老师吃夜宵的时候，听刘老师谈及梧州历史，很快第一重惊喜便随之而来：两广文化的发源地居然是梧州。

广东和广西两省的"广"字取自"广信县"，就是现在的梧州市所在地。"梧州"古称苍梧，有 2200 年的建城史，是

一杯 2005 年的传统六堡

古代岭南政治、经济和文化的中心，粤语的发源地。成化年间，明朝在梧州先后设立两广总督府、总兵府、总镇府，"三总府"辖广东广西，威仪无二。

在梧州的日子，穿梭在各个粤式建筑里，吃的是粤菜，听的是"白话"（粤语），如果不刻意自我提醒，真的会认为自己身在广东。

想到这里，再喝六堡茶的时候，瞬间觉得这杯茶里有了更加宽广悠远的时空感。杯中山海经，大概就是这个意思。

通江达海，黑茶九层迷宫

梧州历史悠久，六堡茶同样如此。六堡茶因产地而得名，六堡镇，古时称多贤乡。六堡茶兴于唐宋，盛于明清，清嘉庆年间（1796—1820），其以独特的槟榔香味入选中国二十四名茶之列。同治版《苍梧县志》载："茶产多贤产六堡，味厚隔宿不变"说的即是苍梧六堡茶。

历史上几乎所有的黑茶，或因外销而生，或因外销而名。真正让六堡茶蜚声海内外，是进入晚清以后，在"下南洋"华工日常需求的推动下，通江达海远销东南亚的六堡茶出口贸易达到高峰。

在湖南安化看茶的经历，给了我一个基本启示：黑茶，是极其丰富多彩的！这次到梧州，更是觉得六堡茶简直就是一个黑茶的九层迷宫。

从基本的分类来讲，六堡茶分为传统工艺和新工艺六堡。这两者的区别主要在于是否加入渥堆（"冷水发酵"）工艺，有点像生普和熟普的差异。这里面更有意思的是，六堡茶的传统工艺里，在初制过程中，也还有像安化黑茶一样的"堆闷"工序，只是没有安化堆的时间长。而普洱生茶，则是完全没有堆闷的。

而聊到"冷水发酵"，许多人的第一印象是熟普。云南开始生产熟茶，是 1975 年左右的事情。中茶梧州茶厂则在 1958 年就开始冷水渥堆的工艺，比云南要早 17 年。也许是普洱茶的兴起，带动了六堡茶的再次繁荣。至于工艺，许多茶类都会有互相借鉴，这个也无可厚非。但不同茶类的产地、环境、品种，还是风味的先决条件。

许多黑茶在制作过程中，都要面临一个问题，那就是原料相对粗老。如何降低粗老原料的苦涩感，不同的黑茶不约而同地采用了同一个办法：湿热作用。故而安化黑茶和六堡在初制过程中，都会"堆闷"。再有就是微生物作用，最为典型的就是金花（学名冠突散囊菌）工艺的加入。六堡茶目前在售的很大一类产品，也是发了金花的。而六堡茶和熟普在"渥堆"过程中，则是"湿热作用"和"微生物作用"双重加持的结果。

从六堡茶的制作工艺中，看到了许多其他黑茶的踪迹。想到这里，目前看到做好的六堡茶有散茶形态，还有被制成各种紧压或半紧压状态的篓装、饼茶、砖茶和沱茶就不足为怪了。

看到这里，六堡茶的九层迷宫其实才走到第六层。这次到梧州，另一款让我大开眼界的存在，那就是"虫屎茶"，也称龙珠茶。六堡茶在合适的存放条件下，会吸引依靠进食六堡茶茶叶为生的昆虫"六堡茶茶虫"，并排泄产生虫茶。这种像"猫屎咖啡"一样的存在，目前只有六堡茶里出现。

经权威部门鉴定，这类昆虫主要有两种，均属鳞翅目。一种为螟蛾科粉斑螟种（俗称"米黑虫"）；另一种为织蛾科米织蛾种，两种昆虫都对人身体无害。六堡茶的老饕们，一旦看到篓装的茶开始"生虫"，就会整批买走，珍视不已。

在刘老师那里，有幸喝到一款陈年的"虫屎茶"，甘甜且有老陈皮那种丝丝的清凉感，喉韵特别明显，异常难忘。

除此之外，梧州人还会把茶果茶花等都制成茶，真可谓物尽其用。

六堡寻源，山川茶韵绵绵

六堡，首先是一个地名，然后才是一个茶名。来梧州看六堡茶，六堡镇是非去不可的。

六堡镇位于苍梧县北部，离梧州市区大约一个来小时车程。新中国成立前，六堡镇到市区都没有公路，全靠六堡河的水上交通与外界相连。这里所出产的六堡茶，源源不断地通过水路运到梧州南江口码头，再改乘大船运往广州、香港或者澳门本庄，继而再销往东南亚。

到达六堡镇的第一站，就是作为"茶船古道"起点的合口码头。如今，码头的实质性功能已经湮灭，但是其数百年来所传递的茶香却可以穿梭日月。

六堡镇不大，镇区的茶乡氛围很浓。随处可见的茶店自

六堡茶起源地黑石村茶园

是不必言说，三层房子改建的餐馆，一楼二楼是厨房和餐厅的区域，三楼就是店主人的茶仓。时间充裕的情况下，吃完饭还能讨到一杯传统工艺制成的古树六堡。

离六堡镇大概半小时车程的黑石村，被誉为六堡茶的起源地。沿着蜿蜒的小路抵达后，只见葱郁的茶树像毯子一样铺在花岗岩为主的山上，颇为壮观。六堡镇整体的生态环境非常好，仍然保持了一份来自核心原产地的秩序。

这份秩序感，让人心安。

随后，我们来到六堡镇山坪村。2022年10月17日，习近平总书记在参加党的二十大广西代表团讨论时，向来自山坪村的祝雪兰代表一连问了三个有关六堡茶的问题（六堡茶是不是可以泡、可以煮？是不是收藏时间越久越好？山坪村有自己的茶品牌吗？）。瞬间，山坪这个小瑶村成为六堡茶和六堡镇最为瞩目的焦点。

"一片叶子富裕一方百姓"是许多茶乡正在经历的，名茶更是如此。在六堡镇看六堡茶，丛秩序井然的茶乡风貌里，看到了六堡更加令人期待的闪耀明天。

我与刘建明老师与六堡茶母树合影

【0.1】溯洄临沧

茶源山海经的穿梭

2022·1

20 世纪 70 年代末，当代茶圣吴觉农在《中国财贸报》上发表文章，力主在临沧建设"世界第一流的大茶园"。临沧，毗邻被誉为"世界茶的母亲河"的澜沧江而得名。

溯洄澜沧江，穿梭在茶源山海经里的临沧，会发现临沧俨然已经是一个天然的世界一流大茶园，又何须建设呢？

随着行走足迹的深入，慢慢惊觉，临沧从时光深处走出来的大茶园早有一批又一批的建设者。我们仅仅，都是临沧风味的饕餮客！

临沧：这里的茶都静悄悄

到云南寻觅普洱茶，西双版纳无疑应该是第一站。作为中国普洱茶第一县的勐海，号称有上万家普洱茶企业恭迎八方来客，熙熙攘攘热闹非凡。倘若在西双版纳喝足了好茶，又该上哪儿寻茶呢？

当然是去临沧。

如果从昆明去临沧，高铁开通后，大部分人会选择乘坐高铁。临沧的上一站是风花雪月的大理，下车的游人如织。不为大理的风景所动，而继续前往下一站的，多半是茶客。

从大理前往临沧，要穿过一连串隧道。火车在山体内疾驰时，想起川端康成《雪国》的开头"穿过县境上长长的隧道，便是雪国"。我知道隧道上方大抵是云南省云县的县境，

美丽的澜沧江

而列车的终点是雪国，也名副其实：临沧境内有三座大雪山，山顶终年白雪覆盖。

　　临沧，是"雪国"之内的满境茶香。同样作为茶都，相较于人声鼎沸的勐海，临沧可谓是静悄悄。其实，安静一点，更适合喝茶。

徐霞客茶文化馆收藏的《徐霞客游记》

太华茶：用时间品味空间

  抵达临沧的第一杯茶，是太华茶，一款从历史里走出来的茶。明代崇祯十二年（1639 年）的八月，大"游侠"徐霞客从右甸（今昌宁）到顺宁（今凤庆），在临沧的凤庆和云县两次品尝"太华茶"，并把这段佳话写进《徐霞客游记》。徐霞客游遍名山大川，关于茶的记载，仅此一笔，可见其对太华茶的喜爱。

  招待我们品尝太华茶的李朝达李总，是醉心于徐霞客文化的当代"侠客行"。李总把徐霞客从江苏出发游至云南的游览路径，作了详尽的梳理，并绘制了路线图。徐霞客所到之处，李总也必躬身前往，体悟古今悠思。

  而谈起现在的太华茶，李总阐述到，现在临沧热门的两大主要产区分别是以"冰岛"为代表的勐库片区和以"昔归"为代表的邦东片区。而在冰岛动辄五六万一公斤单价的情况下，李总已经不想从山头上再做文章。太华茶，是以勐库和邦东两个片区的古树原料拼配而成。勐库的甜柔和邦东的厚度，正好协作调和成"临沧古树茶"的底味。

"去山头化"后，李总从徐霞客那里找到了属于临沧茶的一道荣光，借时间来讲述空间的风味。

安静的茶都，才适宜追忆四百年前的茶事。临沧茶今日的风貌，又远非一杯太华茶能够道尽。山峦纵横的临沧，需要跋山涉水地品味。

冰岛：物以稀且知为贵

到临沧寻茶的第一站，就直奔勐库，毕竟包括冰岛在内的勐库十八寨大名鼎鼎如雷贯耳。勐库位于双江县，澜沧江和小黑江夹峙着群山穿县而过。就在两条河的滋润下，勐库十八寨，寨寨出好茶，尤其是"冰岛"。

我们该如何谈论冰岛呢？是年年刷新普洱茶拍卖纪录的冰岛茶王树？还是那个为了防止偷带鲜叶进村的卡口？还是冰岛茶颇具口感诱惑的"冰糖甜，清凉韵"？还是冰岛老寨即将整体拆迁的全民话题？

对于从来不缺关注的冰岛而言，我们所有的讨论都在为它的身价作增量。如同马赛尔·杜尚所言，"作品的著名程度，取决于被谈论的次数。"自古以来"物以稀为贵"的真理，到了今天似乎要换成"物以知为贵"更为合适。

而冰岛，即广为人"知"，又相对"稀"少。相较于班章每年 3000 多吨的总产量，冰岛老寨每年 8 吨左右的产量实在微不足道。那么，冰岛的故事从什么时候开始呢？

在成化皇帝于景德镇烧制出"斗彩鸡缸杯"后不久，双江的勐勐土司派人去西双版纳引来 200 粒茶树种子，于冰岛村成功培育了 150 棵。此后，冰岛村及周围村寨陆续开始种茶，形成了勐库村村寨寨都有茶的风貌。冰岛村，是双江最早有人工栽培茶树的地方之一。

成化斗彩鸡缸杯 2013 年拍卖，刘益谦 2.8 亿只得一小杯。而冰岛古树的单价在 3 万元左右 / 斤，一芽二三叶为一枝的话，折算下来要 20 元左右一枝。茶王树那棵，就更不止这个价了。这么想来，成化年间的这两笔遗产还真是伯仲不分。

冰岛离勐库不过 20 公里路程，离临沧市区也不远，算是到临沧寻茶最为方便的一站。途中经过双江的南等水库，改名为"冰岛湖"后，借助"冰岛"二字的盛名，范围内所产的茶价亦逐年攀升。即便如此方便，前往冰岛的路上，仍然满是兴奋。这种兴奋，被即将抵达冰岛村时遇到的雨后双彩虹推到极致。冰岛不愧为普洱皇后，彩虹都是双份的。

抵达冰岛后，我们乘坐的车子只能停在山脚的卡口，随后下车步行上山进村。一路蜿蜒往上，路的两旁几乎全部种满茶树，虽说都是树龄不大的中小树，但是同样一泡难求，价格不菲。去的时候，已经是十一月初，许多茶地里仍旧有许多人在采茶。

约莫半个来小时，走到了冰岛老寨的牌楼入口，我们知道离见到那棵茶王树不远了。退回来想，如果车子直接就开到了村广场，下车没几步路就走到了茶王树面前，反倒索然无趣了。几乎所有的朝圣之旅，都追求徒步。

从牌楼处再往上，不需走多远就到了广场。广场中央停了几辆等待收购鲜叶的皮卡，有村民正在给刚采的鲜叶称重。虽然已接近冬茶，这些生在冰岛的鲜叶，仍然格外引人注目，总让人有想多看两眼的念头。从广场找到挂着"祖母树"标示牌的路口，往下走，就是栽种于成化年间（1485年）的那片古茶园。

云南的茶区走多了之后，逛古茶园等同于打卡茶王树。对于"之最"的迷恋，真是古今四海皆然。茶王树的概念，从南糯山那棵开始，已经遍地开花。像冰岛这种顶级山头的茶王树，在茶友心中几乎封神。这场人为的造神运动，成就了一个又一个山头。

冰岛古茶树

　　既然是人造的"神"，自然少不了任人差遣装扮的戏码。就在我们依次和冰岛茶王树拍照留念的时候，左下方另一块茶地里蹲着两个年轻人，拿着手机正在直播，开始了极为流畅的表演："家人们，我现在就在冰岛茶王树的前面……"再者，冰岛老寨的总产量是数得过来的，而市面上有那么多"冰岛"的背后，真实性可想而知。

　　愈是热门的山头，这种现场愈是突出，有茶友戏言"山头茶，以换棉纸为准"。没错，伪造的步骤实在过于简单，印上几个字就可以成功落户"冰岛"。这一切，都还是人的问题，不是茶的问题。普洱茶讲究山头的本质，还是因为"一山一味，百山百味"的基础事实存在，山头是索引，风味是本质。

我相信在未来，更加强调有着清晰特征的"风味"会被更多茶友接受。"好不好喝？""有多好喝？""怎么好喝？"会更加关键，不是一味地追问"是冰岛么，是真的冰岛么？"

看完茶王树后，顺着路往上走，穿过一棵棵挂着名片名花有主的古茶树，回到了村中心的广场。因为冰岛老寨整体的拆迁还在继续，三辆大挖掘机停在一片刚被拆掉的宅基上，其中一台挖掘机抓斗所指的方向，好像就正对不远处的那棵茶王树。

天色将晚，我们匆匆下山。在冰岛，想到的比看到的多。

勐库：双江夹峙寨寨好茶

　　以冰岛为代表的勐库，有大大小小十八个村寨，散射分布在以大雪山为主峰的各座高山之上。以南勐河为界，分为东半山和西半山。如果说易武的群山是秀丽，勐库则是壮丽，整体感觉山体更加巍峨。勐库的不少村寨，虽然互相遥望可见，彼此都在对面的山上。可是真正要过去，可能至少要花费小半天在路上。勐库十八寨，如果要依次转完，没有十天半个月是不可能的。

　　离开冰岛，出发的第二个村寨是懂过。懂过和冰岛一样，都位于西半山，是西半山最大的寨子。快到懂过的时候，当地的向导，号称"冰岛小王子"的普良号茶叶创始人肖付清，告诉我们对面就是大户赛。而从懂过想要去大户赛，就得重新沿着盘旋的山路下山，再重新上山。

懂过的茶王树就在村民家门口，主干青黑粗壮，分枝处布满青苔，树冠茂密长势良好。随行的鲁建旭老师立刻带领我们进行田野调查，发现这棵茶王树五柱和四柱的形态都有，应该也是野生大理种和家茶杂交的结果。茶王树下，不时有颇为神气的大公鸡走过。云南许多有着悠久种茶历史的村寨，都是人茶不分的。茶树就栽在自家门前，茶园称为茶地，茶叶等同于果蔬粮畜。

生计全赖于此，春秋皆有所获。

看完懂过，就跨到东半山，坝糯、那蕉、正气塘等有名的村寨都在那里。还是一路在寻找茶王树，一棵一棵地仰望凝视，拍照留念。东半山有许多藤条茶。藤条茶是利用植物的顶端优势，一种"留顶养标"的茶园管理模式，可以提高茶叶产量也方便采摘，在临沧地区多见。坝糯和正气塘的茶王树都是藤条茶，树的主干粗壮，枝梢纤细，部分如杨柳垂挂，多了几分秀气。这种经年累月的采摘管理模式，也会对茶叶内质产生影响。好的藤条茶，甜柔耐泡，备受茶客喜爱。

逛到正气塘的时候，肖总告诉我们，正气塘原名叫"瘴气塘"，传说有瘴气而得名。后来觉得瘴气塘不利于茶叶推广，改名为正气塘后，果然名气陡增。在普洱茶山头化的过程中，朗朗上口的名字至关重要。故而，冰岛在还叫"丙岛"的时

懂过村过渡型古茶树

候，默默无闻，改名颇具北欧风情的"冰岛"后，简直也像有梦幻"极光"附体一般，让人不断穷追。而"懂过"呢，虽然没有改名字，喊出一个"爱过、品过、懂过"的口号，简直把流行文化的要素吃透了。

回到前面那句，物以"知"为贵。

那么，亲爱的茶友，你"爱过"勐库十八寨么？

大户赛：雪山山神的居所

来勐库寻茶，爬一趟大雪山，目睹拥有 2700 年树龄的 1
号大茶树尊容，是许多茶人的梦想。可是动辄七八个小时的
徒步，也让人有些生畏。在没有当地人带领的情况下，是断
然不方便轻易进山的。这片深藏在原始森林里的野生古茶树
群落，直到 1997 年才因一场森林大火而被人发现。大雪山，
这才走进人们的视野。当我们越了解它的时候，越是心生敬
畏。许多倚靠大雪山的村寨的村民，都知道深山里面有野生
大茶树。大雪山，在当地人看来里面住着山神。

我们的勐库寻茶之旅，原本也要爬一趟大雪山。没想到，
在冰岛遇见雨后双彩虹后，居然还不时有雨。原计划爬大雪山
的那个清晨，又是一场大雨，远处的大雪山被水雾整个蒙住。
大雪山之行，被迫暂缓。这个时候，冰岛小王子肖总过来安慰
我们说，想见大雪山 1 号大茶树，是需得到山神同意的。

即便无法走进大雪山寻访大茶树，却仍想到大雪山山脚的大户赛看一看雪山的入口有着怎样的风貌。前往大户赛的路，更加蜿蜒崎岖，海拔也越开越高。走到后面，早已经分不清东南西北，只知道路的终点，就是大雪山的入口。抵达入口后，车辆就无法通行，只能下车步行。

就在快到大户赛的时候，车子经过一个青烟缭绕的庙，路旁聚满了支着烧烤架做烤肉的人。为什么没到饭点，他们却要在路边烧烤呢？这时候肖总告诉我们，这是村民在杀猪祭祀山神，可以下车一起参与，他们会非常欢迎。

此刻，我们都雀跃起来，鱼贯而下。只见山神庙里面供奉着用红布垫着新鲜宰杀的猪头，香台里面扎满了红色竹香。在熟悉后，我们便毫不客气地加入了"野地美食家"的阵列。肖总进一步介绍到，祭祀山神庙不是什么时候都能遇到的。许多人会从很远的地方开车来，专门买一头活猪拉到山神庙旁边宰杀，然后就地做完，分享给路人吃掉，这样就能祈求山神保佑好运。

站在路边无比酣畅地吃饱后，重新走到山神庙旁，凝视着燎燎不断升起的香火，感觉自己也完成了某种原始的仪式。山神不再只是故事和传说，而在心里面慢慢转化为一个实体，从内开始汇聚力量，平和笃定且满心愉悦。

大户赛参加山神祭祀的女孩

大雪山的山神用一场雨来告诉我们"暂时还不必来见我",同时,又"安排"了一场山神祭祀活动来迎着我们。那一刻,惊觉自然的神性似乎是确定的,唯有心怀敬畏,才能享受自然的馈赠。

谢谢你,大雪山的山神,那就下次再来看你。

白莺山：时光苍老而俊秀

想去云县白莺山看看，是一个由来已久的念头，听闻白莺山是茶树演化自然博物馆，有包括本山、黑条子、二嘎子、白芽子、红芽口、贺庆茶、秃房茶、勐库种等在内的十几个品种生长其中，且还在互相杂交演化。

白莺山在云县漫湾镇，距临沧市区路途遥远，离大理很近，且山路异常崎岖。虽然出发前已经做好了自我的心理建设，但是将近五个小时的车程，仍然倍觉艰辛。不知道绕了多少个湾后，终于抵达白云山核桃箐村民组。

下车后，午餐也没顾上吃，就直奔古茶树。核桃箐有40余户村民，古茶树就散落民房的宅前屋后。穿过白莺山最有名的二嘎子茶王树，首先来到黑条子茶王树，树主人查姐也正在等我们。这棵有着2700年树龄的黑条子茶王树，树型端正挺拔有威仪，与山两相对望，一年产量达 260 余斤鲜叶。

　　查姐告诉我们，目前黑条子没有二嘎子价格高，而又比本山好一些。她随后指向山坡后面的另一棵茶树说，这棵就是本山，基本上就是大理种。本山，指原来就在这座山上生长的野生种。黑条子，叶子颜色较深呈墨绿。而白芽子，则有点接近安吉白茶的奶白色，部分稍带黄。二嘎子，则介乎本山与白芽子之间。对于我们而言，查姐指着哪棵说是什么种，我们才能分辨出来。白莺山的茶人，不同品种之间的辨别能力，是与生俱来的。

　　白莺山现存古茶树面积 12 400 余亩，有野生型、过渡型、栽培型的各个品种。目前的白莺山，数量相对较多的是勐库种，白芽子相对数量最少。上百万棵古茶树，以勃勃的生机，见证、书写了一部人类茶树的栽培史和茶文化的历史。带领我们来到白莺山考察的西南大学教授龚正礼老师说，白莺山茶树品种的丰富程度是一笔宝贵的自然财富，也为世界茶树起源于中国云南提供了重要演化证据。

　　在看完核桃箐白芽子茶王树和二嘎子茶王树后，才下山到白莺山阿银家吃午饭，一看时间已经下午三点了。可是一棵棵茶王树看得异常兴奋，竟然不觉得饿。吃完饭，我们都迫不及待地想尝一尝白莺山茶。一个个品种喝下来，竟然不断

白莺山黑条子茶王树

有惊喜。

同样是晒青毛茶的制作工艺，白莺山不同品种制成的毛茶风味，迥然不同。本山喝起来汤感厚而爽滑，野韵足，基本没有苦涩味。二嘎子、黑条子兰花香特显，回甘生津持久，略带轻微苦涩味。勐库种，花香浓郁，挂杯持久，汤感略薄。整体风格上，比较清甜带花香，几乎没有什么苦涩味。有的喝到了早春龙井的鲜爽，有的喝到了闽南乌龙的清新高香。

当我们问阿银，她最喜欢喝什么品种时。阿银不假思索地说是"勐库种"，最不喜欢的是野性太强把其他香气盖住的"本山种"。初听她这个回答，觉得有些意外。她作为白莺山本地的茶人，难道不应该说二嘎子或者白芽子这些特有品种来宣传么？

后来转念一想，阿银的诚实回答，正好从另一个维度印证了茶树在其自然演化过程中，有大量的人工选择参与其中。所有的茶人，都会选择他们认为更好喝的品种推广栽种。虽然白莺山各个品种的古茶树数量众多，也盛名在外，但是茶价一直不是很高。

随后阿银带我们来到她家位于白莺山村中的古茶园，沿着小路步行往山上走去，仿佛进入了一个古茶树的自然陈列馆。

伴随着山涧溪水声，一棵棵高耸的古茶树，依次出现在眼前。走到阿银的那块茶地时，已经不记得看过多少棵古茶树，感觉每一棵茶树都英姿勃发，都需要抬头仰望。

当我无数次抬头仰望的时候，分明从古茶树的树梢看到远处天空里面的日月星辰在流转。

白莺山，时光苍老而俊秀。

凤庆：中国红香飘世界

从云县出发抵达凤庆时，天色已晚，县城华灯初上，红彤彤的。

因为在同样的红茶之乡祁门工作多年的缘故，第一次来到凤庆，却觉得异常熟悉和亲切，好像来过很多次一样。普洱茶盛行之后，云南大部分产茶的县市都是以普洱为主，而凤庆沿街都是卖红茶的商铺，宛如一个漂浮在普洱茶海洋的红茶小岛。而开辟出这个"红色小岛"的人，就是凤庆人无比尊重的滇红之父冯绍裘先生。

时间说回 1938 年，抗日战争期间，中国众多传统的红茶产区相继沦陷。而红茶自四百年前诞生之日起，就一直是以出口为主。从 19 世纪 40 年代开始，英国为了摆脱对中国红茶的依赖，相继在印度和斯里兰卡成功开辟出新的红茶产区。中国茶的出口在 19 世纪末，开始逐年下滑。即便如此，红茶仍然是中国非常重要的换汇物资。

因抗战原因，在以江南茶区为主的传统红茶产区沦陷或者运销路线受阻后，旧中茶公司急需开辟新的红茶出口基地。如同 1937 年西南联大选择西迁昆明一样，旧中茶公司也把目光投向了云南。

于是派遣曾经在江西修水（宁红）和安徽祁门（祁红）工作过的冯绍裘于 1938 年 11 月前往凤庆，当即在凤山茶园采摘十余斤鲜叶，制成红茶绿茶各一斤，品质出乎意料。尤其用云南大叶种原料制成的红茶，"满盘金色黄毫，汤色红浓明亮，叶底红艳发光（橘红），香味浓郁"是国内其他中小叶种产区的红茶所未见的。

当时，冯绍裘把制成的红绿茶样送到香港茶市，颇受好评。于是第二年春（1939 年），冯绍裘着手筹划顺宁实验茶厂的事宜。滇红茶的成功创制，并远销海外，在抗战期间为中国换取了大量外汇和军用物资，为中国人民的英勇抗战起到了重要的支撑作用，是当之无愧的"抗战茶"和"爱国茶"。

回忆着这些波澜壮阔的滇红往事，抵达凤庆后的第一个夜晚我睡得特别踏实。第二天一早，就在原滇红集团原总工程师郭文顺的带领下，来到滇红集团的种质资源圃。资源圃里种植了几十种国内外适制红茶的优质品种。

2005年金骏眉诞生后，带动起高端红茶的热潮。滇红集团还曾于2010年以18个不同品种原料拼配制成"中国红"，一度广受茶友追捧，其中原料配比以中小叶种为主。中小叶种原料制成的红茶香气更加优雅细腻，辅以大叶种原料则可以让茶汤更加饱满有厚度。

参观完资源圃，我们来到滇红茶厂旧址，一走进去都是往昔的味道。民国时期风格的主办公楼前，立了冯绍裘先生的铜像，铜像下方的石碑上写着"云南滇红茶创始人"。现在这个植物绿意葱葱的老茶厂，已经被评为第三批国家工业遗产，将永远诉说滇红的往事。

滇红故事的另一个讲述人，是曾经在滇红集团工作了四十年，现任滇红历史陈列馆馆长杨明柱老师。进入陈列馆，"把历史交给未来"六个大字映入眼帘，杨老师开始了翔实动人的叙述。

往事并不如烟，分明就在眼前，如同杯中的茶香一样，入眼入口入心。

中国红香飘世界，我们寻味在凤庆。

茶尊：锦绣千年悠然度

一棵树，可以成为一个景点，甚至成为一个城市的符号，黄山有迎客松，临沧则有"锦绣茶尊"。对于这棵茶尊，鼎鼎大名似乎也不足以形容。

公开的介绍资料显示："锦绣茶尊"树高 10.6 米，树干直径 1.84 米。2004 年初，中国农业科学院茶叶研究所林智博士及日本农学博士大森正司对其测定，亦认为其年龄在 3200 年至 3500 年之间。2005 年，美国茶叶学会会长奥斯丁对其考察后认为，锦绣茶尊是迄今世界上已发现的最大的古茶树。

虽然茶树的真实树龄测定，一直尚未有大家公认的方法和结论。但是凤庆的这棵茶尊，在已经发现的大茶树里直径最为粗大是毫无疑问的，大概需要六七个人才能合抱。物理意义上的"最大"位置不容撼动后，奉为"茶祖"或者"茶尊"

与茶尊的千年对望

自然水到渠成。

"茶尊"位于凤庆县小湾乡锦绣村的香竹箐，距离凤庆县城约七十公里路程。从县城出发，大约两个小时即可抵达。在白莺山看完那么多茶王树后，似乎只有锦绣茶尊才能让我们继续跋涉。

抵达香竹箐后，从村口到茶尊广场，修有齐整的大理石步道，步行仅十分钟距离。锦绣茶尊的四围已经建起了围墙，并安装监控防人盗采。凤庆县也专门通过了表决，对茶尊实施立体保护。

茶尊广场，就是离茶尊最近的地方。抬头仰望，茶尊就在那里，树姿蓬发郁郁葱葱，一眼已是千年。最近十多年停止采摘后，茶尊树冠还长高了一米左右。相较于普洱茶种，一般来说大理种更容易长得粗大，这棵茶尊也是大理种。在勐库和永德两座大雪山里面，还有十余万亩野生大理种古茶树，里面是否有比这棵茶尊更大的，我们不得而知。

茶尊除了树形最大、树龄最老外，还有一个更为重要的意义是被认定为人工栽培型，这对于人类茶文化历史的研究有着重大意义。茶尊离村民的房子只有几十米远。据说锦绣村之前还有几棵古茶树，被村民砍掉了，现在懊恼不已。站在广场，背对茶尊眺望，视野开阔，祥和宁静。

三千二百多年前，这棵茶树的种子从深山里被人带出来种在香竹箐时，它自己肯定也不会想到居然可以成为茶尊。上千年来，外面的朝代都不知换了多少个，锦绣村又经历过多少兴衰。这棵茶树，如同遁入了《桃花源记》一样："问今是何世，乃不知有汉，无论魏晋。"

面对茶尊，念及人的一生一晃不过百年，而它的千年悠然而度，竟一时有些羡慕，我也好想"向天再借五百年"。

昔归：澜沧江畔小霸王

临沧，以濒临澜沧江得名，昔归则是澜沧江畔的小霸王。

临沧茶的两大热门片区，一个是勐库，以冰岛为代表；另一个则是邦东片区，以昔归为代表。两个山头，一柔一刚，遥相呼应。这两年昔归又得了一个"临沧老班章"的名号，身价更是不断看涨。加上墨临高速通车，从临沧市区前往昔归从之前将近三个小时的车程缩短为不到一小时，比去冰岛都方便。

从昔归高速口下来，不多时就到了昔归村，澜沧江绕村而过。昔归所在的忙麓山，是临沧大雪山向东延伸靠近澜沧江的部分，而昔归的海拔只有 750 米左右，在处于云贵高原的云南省来说，都是最低的一个山头。

而澜沧江又给昔归提供了大量水汽，在非雨季，上午11点左右水雾才散去。待水雾散尽，低海拔的强日照又与清晨的云雾缭绕形成鲜明对比。高湿度加强日照，对于昔归茶风味物质的累积，形成自己的独特风味起到了关键作用。

下车后，顶着刺眼的太阳，开始逛昔归的古茶园。昔归村的古茶园，相对比较集中。昔归的种茶历史久远，至少在清末已经小有名气。据清末民初《缅宁县志》记载："种茶人户全县约六七千户，邦东乡则蛮鹿、锡规尤特著，蛮鹿茶色味之佳，超过其他产茶区。"这里说的蛮鹿，现称为忙麓，锡规现称为昔归。

从江畔的古茶园入口，走到昔归茶王树，大概半小时路程。越往上走，茶树越粗大密集，树龄也就越老。十多分钟后，便开始汗流浃背。这样的高温高湿强紫外线的环境，让许多昔归茶的成熟叶片黑亮油润，正面有茶树应对光照形成的强隆起。昔归茶属于邦东大叶种，以"茶气强烈，霸气十足，滋味厚重，香气高锐"闻名，成品干茶条索偏黑，外形"丑"出了名。

在去看昔归茶王树的路上，只消一回头，就可以看到墨临高速的澜沧江大桥横在身后。大桥下100多米的桥墩，从澜沧江江岸拔地而起，与半山腰上生长了几百年的古茶树平齐。

看到这个充满视觉冲击的画面，让人不禁要为昔归的古茶树多一份担忧。

任何一个人的成名，都是需要付出努力和相应代价的，而一座山头的崛起也是如此。几乎可以肯定的是，这座澜沧江大桥，将为昔归带来数量上远超过往的看客，昔归的茶价还会不断上扬。而随之涌来的看客，肯定对昔归的古茶树生态多少带来些影响。希望这种影响，越小越好。

看完茶王树原路下山，气喘吁吁汗流不止，感觉烈日当头的昔归像是一个巨大桑拿室，蒸腾着浓酽茶香。

稍事休整，在江畔吃上一条鲜美无比的江鱼，再喝上一泡昔归，是对绕村而过的澜沧江和忙麓山上的古茶树最完美的仪式。

从茶树起源的远古时光里出来，一路到各民族各山头人茶共存的风貌，澜沧江实在给了临沧太多恩泽，沿着澜沧江，溯洄从之或者溯游从之，都将是一场在茶源山海经里的穿梭。

来，我们沿着山脊和江水的方向寻茶去。

昔归茶山

昔归茶树成熟叶

130.工 永德行

树大不招风，山高人未识

2020 • 12 •

若不是有幸认识了鲁主席，而每次和他见完后，便会觉得他又多了一份可爱，无论如何我都无法说服自己第一次去临沧，绕过了大名鼎鼎的冰岛，而直奔永德。

在此之前，孤陋寡闻的我，尚未听说过永德这个地方，更不知道永德有茶。

鲁主席，原名鲁建旭，正宗永德茶痴。周围认识他的人，都喊他鲁主席，因做过十多年永德县中医院院长的他，曾是县政协副主席。

因为对茶，尤其对永德茶的痴迷，鲁主席提前退休了。跑遍了永德的七乡三镇，翔实地调查完永德茶后，写了一本《永德茶话》，开的茶空间名叫"拓南茶坊"。

茶路迢迢，木瓜鸡慰劳

也许是因为交通不便，临沧的大部分山头还不为人知。临沧机场出来，乘车前往永德时长是 3.5 个小时。如果从昆明出发，大概是 10 个小时。

云南处在云贵高原，山高林密，交通不便。许多云南人日常计算距离的单位并不是公里，而是开车需要多少小时。3.5 个小时，对于习惯了穿梭在崇山峻岭间的临沧人来说，只是一个普通的距离。而对于我们来说，则实在算不上短，尤其是在快吃晚饭的时候，才开始赶路。

一路向西，途经幸福镇幸福加油站，饥肠辘辘的我们，终于吃到了被鲁主席安利很久的木瓜鸡。路边一个不起眼的餐馆，停满了车。厨房里火红的炉灶旁，厨娘精干地用刀"咔哧咔哧"地分隔着乌鸡。切成块的乌鸡，用酸木瓜炖煮，再配上加了鱼腥草叶子的蘸料。端上桌来，我们已全然不顾形象地大快朵颐。

去永德路上，吃的第一顿竟有些生猛。现在想来，永德的好茶，全隐在大雪山的原始森林里，也自带一股野生气息。

永德，旧时属哀牢国，唐朝南诏国时，在县境内筑拓南城，以为"开拓南地"之意。抵达鲁主席的拓南茶坊时，已经是晚上十点了。主席早早就"极富心机"地安排了两款茶，一款是某知名品牌的冰岛老寨，一款是永德大雪山。若不是提前知道茶名，竟然喝不太出来明显的差别。

这正是主席得意的地方。

永德，虽然地处临沧以西，比较偏远。但是其所产茶的品质，比之动辄几万一公斤的冰岛，也难分伯仲。借用主席的话说，这是"绝对的价值洼地"。

这正是我们来永德的原因。

知名茶地：梅子箐忙肺

第二天一早，我们就启程去寻茶了，第一站：梅子箐。

云南有 20 多个地方叫"梅子箐"，而真正因普洱茶被大家记住的只有永德小勐统镇的"梅子箐村"。梅子箐，轻声念起来，颇有一点江南的意蕴，透着一股烟雨中的柔情。

梅子箐茶的口感，也以甜柔著称，对比版纳，被人冠以"临沧易武"的称号。

在梅子箐茶农家用完午餐，听主人讲完旧时村寨有人半夜逃去缅甸的故事后，我们穿过弯弯绕绕的村子，到了梅子箐最核心的产区"锅底塘"。

锅底塘，其实就是一个山坳口，呈圆形，形似锅底得名。

梅子箐茶地

近年易武的薄荷塘被捧上神坛后，凡是带"塘"字的微小产区，似乎都会被人多留意一下。实则，塘在云南，许多就是耕种的地方。薄荷塘，原也是一片种植草果之地。

进入锅底塘后，走了没几步，就看到三五茶农在半山坡上除草。走过那么多茶山，隆冬季节还在除草的，梅子箐是第一个。越往里走，才发觉事情远不止除草这么简单。

梅子箐茶树下方厚厚的黄壤，全部被翻了出来。不时，还能闻到因茶农给茶树施农家肥，而散发的"粪"味。原来，她们不止在除草，而是在翻地。当地茶农，称茶园为茶地，他们是把茶叶当成其他农作物一样，在耕种。

这是一种对待茶树颇为朴实的态度。看完梅子箐，到了"临沧班章"的忙肺，看到的古茶园也都是精心翻过土的，由此更加感慨永德人对待茶的用心程度。

忙肺是到了永德必须要去的地方，一是因为忙肺片区古茶园聚集颇为壮观，产量不小；二是因为忙肺茶口感浓厚特点突出识别性强，最后一个原因则是，忙肺有成片的藤条茶。

到了忙肺后，看到许多古茶树树冠并不高，树干却很粗，树枝像藤条一样自然垂落。这些是世代忙肺茶人，为了方便采摘，长时间"留顶养膘"栽培出来的。茶树除了根部，主干会被砍掉，让茶树长出很多分叉。采摘时，只给每个分叉留下几片树叶，其他都要抹去，茶树无处生长，最终养分全部从芽头迸发出来，做出来的茶，经久耐泡。

我们以怎样的方式对待茶和茶树，它们就会以怎样的方式回馈我们。忙肺人和藤条茶，就是最好的例子。

在喝完一杯回甘迅猛口感醇和的 14 年忙肺茶后，我们离开了那片被投入了太多劳作汗水的茶地。

雪山深处，茶香撩人

第二天一早，我们就直奔大雪山去了，因为雪山深处，茶香撩人啊。

提起大雪山，许多人脑海中蹦出来的就是勐库大雪山。1997年，勐库地区的大旱，让藏在大雪山深处的千年万亩古茶园闪现在人民的视野中。大雪山茶，因其独特的清甜口感中，还带着迷人的野韵，逐渐被越来越多的普洱爱好者追捧。勐库大雪山里，树龄达2700年的1号大茶树，更是令人敬畏。

如同武夷山为闽赣两省共有，大雪山作为横断山脉也跨越好几个行政区。我们常说起的大雪山，主要有三个，勐库大雪山、邦东大雪山和永德大雪山。在永德，还有一个大雪山乡，可见其与大雪山的紧密程度。

向大雪山深处开去，路越来越窄，每次错车都心惊胆战。约莫两个来小时后，终于到了大雪山西北角届：黄草山。

鲁主席的茶王树和初制所就在这里。

毫无办法，猎奇的人类无论到哪里都无法抗拒"王"或者"后"的诱惑。刚把车停稳，我们就直奔茶王树而去。这棵栽培型的茶王树，生长在巨大的花岗岩上。花岗岩上方，修有一座小教堂。

一百多年前，西方传教士来到这里传教。黄草山大部分村民信基督，待人亲切友善。这棵和教堂共同成长的茶树，想必也在听了无数遍福音后，口感更佳，令人难忘。

黄草山背后，大雪山原始林区近在咫尺。大雪山深处，有许多古茶树。其中，有不少野生大理种。鲁主席的这棵，经过专家鉴定，是阿萨姆种。对此，主席极其严谨地"凡尔赛"了一回：应该基本上是第二大的人工栽培型阿萨姆茶树！言下之意，谁敢站出来说是第一呢？

当我们站在茶王树上，和它手舞足蹈地合影时，回忆了南糯山、老班章、贺开等山头的茶王树，的确没有这棵大。更为关键的是，这棵"让爬"！太过瘾了！

黄草山茶王树

在和茶王树拍合影的时候，我看到树梢旁边的红十字架，突然感觉这个地方，有一种强烈的交错感：原始与人迹、野生茶与栽培茶、民歌与福音……

大雪山深处的茶，不止茶香撩人。

大茶树，真的是树啊

我们大部分人对茶和茶园的印象，就是建立在江南茶区秀美的灌木型茶园里。阶梯式的茶园，依据山形而建，不时有一群身着蓝印花布背着竹篓的妙龄女子，稍稍弯下腰，就可以将平腰齐嫩嫩的茶芽，悉数采下。

这样一来，无论被制成碧螺春还是西湖龙井，反正江南的春天都被贮藏起来了。

当"茶树大致平腰齐"成了我们的既定认知后，第一次到潮州乌岽山看到小乔木品种的凤凰单丛宋种居然可以长得像桂花树一样时，一定会啧啧称奇，连声叫好！

那到了云南，看见那么多乔木型的茶王树后，又会怎样惊叹？

塔驼村二嘎子茶王树，左三是茶树主人，右二是鲁建旭老师

尤记得第一次去南糯山看见茶王树时的那种兴奋，仿佛看见了另外一个物种一般。建立在灌木型茶树的刻板印象，在云南被一次又一次打破：茶树，它应该就是"树"啊，而不是盆栽式的小灌木。

而当你在云南也走过了一些山头，对大茶树已经习以为常的时候，来到永德亚练乡塔驼村古茶园，一定还会再次惊呼：居然可以这么大！

离开大雪山后，我们来到了塔驼村古茶园。整个古茶园面积达 5200 余亩，古茶树资源尤为集中。更有意思的地方在于，整个茶园里，原始型茶树品种（大理种）、过渡型茶树品种（杂交型，二嘎子茶）和栽培型茶树品种（阿萨姆种）混杂生长，几乎涵盖了从原始到进化的各种类型。

野生型茶树品种（大理种），可以长得尤为粗大。临沧香竹箐的那棵号称有 3200 年树龄的"锦绣茶尊"就是大理种。塔驼村古茶园里最大的一棵大理种茶树，根部直径可以达到 1 米，需好几人合抱。

塔驼村古茶园里，有一棵大理种茶王树，就生长在村民房子旁边。整棵茶树，树高 11 米左右，树干粗壮挺直，独木成林，蔚为壮观。整棵茶树，为一位年过六十的傈僳人（彝族分支）所有。每年春茶，还是她亲自上树采摘。去年，单树鲜叶产量有 100 公斤。听到这些，只好再次惊呼不可思议。

塔驼村古茶园里，还有一种永德特有的茶：二嘎子茶，也称藤子茶。二嘎子茶，是大理种和阿萨姆种杂交而来，属于典型的过渡型茶树品种。相较于大理种，二嘎子茶要清甜许多。

整个塔驼村，几乎都是被古茶树包围的。由此可见，茶树对于塔驼村先民的重要程度。旧时，人们对于茶树品种，没有那么科学的认知。好喝的，就说家茶，指的是阿萨姆种；没有那么好喝的，就说野茶，其实就是大理种。

其实种在前屋后院的大理种，也是"家茶"啊。只是古代先民们，从大雪山深处把他们引种回来时，并不知道这些。

从这些"真的是树"的古茶园里，我仿佛看到了人类和茶最为原始的相遇场景：相遇于山野莽林、相邀于宅前屋后、相守于春生冬藏、相喜于馨芬甘甜。

这大概是我们和茶的第一个故事。

不招风好，人未识妙

在鲁主席的带领下，永德逛了几天，茶喝了一道又一道，不由得感慨：永德有着这么独特的茶树资源，外界对它的了解严重不足。

正可谓：树大不招风，山高人未识。

除了梅子箐、忙肺、大雪山等稍有些名气的山头，撑起了永德茶在外的主要名声外。永德熟茶的产量和品质，也是绝对无法绕开的。除了产量巨大，风味也于勐海有着明显不同，人称"永德味"。

或许是因为交通不便，一般茶友难以抵达，又或许是冰岛太过火热抢尽了临沧茶的风头，永德茶的市场关注度一直不高。鲁主席，作为永德茶痴，经常在各个茶区买它们典型的山头茶，拿回来和永德茶对比，暗暗较劲：你们卖那么贵，也不过如此嘛。

在主席这种近乎孩子气的行为背后，我却看到了"树大不招风"的好处：整体价格不会被炒得离谱，山头茶区自然环境得到最好保护，茶区茶人和茶的相处态度依旧朴素动人。这些更为"真实"的处境，一旦茶区热门后，就会不可逆地走向另一面。

怀着一点自私的念头，永德茶：树大不招风，好！山高人未识，妙！

写完了，泡杯有着撩人野韵的大雪山去。

桐木关最大的青楼

一个纬度的南北距离大概是一一〇公里，实在谈不上多远。而北纬27度，在福建一个省所涵盖的范围，却同时是中国茶里面红茶、白茶、乌龙茶三类茶的起源地！

正山小种、武夷岩茶、福鼎白茶，这三款都诞生于北纬27度的茶，先后掀起中国茶的热门板块崛起，成为茶友心头念念不忘的所在。

再拉远一点，喜马拉雅山脉南麓的印度大吉岭也地处北纬27度，至今还有引种自武夷山的茶树，成为当地的骄傲。

历史的创造者们，在继续创造新的历史！

闽北和闽东，一个靠山一个面海，"天时地利人和"，不出好茶是不可能的！福建茶还在继续自我革新，不断给中国茶贡献新的活力，开拓出更多空间和可能。

北纬27度，留下来『闽』杯茶！

福建

N

27°

【正山小种】

青楼一梦，山峦幻色

2019。9。

毋庸置疑，是红茶无比成功的全球化，让中国茶真正成为五洲共享的香味名片。这一场"茶碱入侵咖啡因"的无声战役，在 16 世纪末红茶诞生后，逐渐在全球呈现出包围之势，且持续至今！

只有红茶走向了世界，而这一切故事的起点，都要从福建北部毗邻江西的桐木关说起。

物种天堂 红茶圣地

　　如果说全世界喜欢红茶的茶客创立一门"红茶宗教"，那么桐木关就是"耶路撒冷"，俨然成为所有红茶信徒必须打卡的"圣地"。

　　而凡"圣地"，都是不得轻易进去的。从武夷山市出发，朝西北方向驶去，约莫个把小时才能抵达入关的必经之地——皮坑哨卡。1979 年，桐木关被国务院批准为国家级重点自然保护区，之后所有外地进入桐木关的车辆和人员都需要经过报备，才可以通卡入关。

　　皮坑哨卡，是我们必须要"稍事休息"的地方之一，像是正式"朝圣"前需要完成某种仪式。

　　入得关内，随着海拔的升高，"正山"的气韵就沿着狭窄而蜿蜒的山路愈发强烈地扑面而来。莽林修竹和清溪小涧以及山坡上随处可见的小茶园，能瞬间让人心绪安宁。山路两旁还有不时闪现的"金骏眉"抑或"正山小种"的广告牌，在提示我们一件事情——欢迎来到"世界红茶的发源地"。

对于爱茶的人来说，武夷山至少有两个"动物园"。一个是由"牛肉""马肉""鹰肉""龙肉""象肉"等正岩山场组成的"岩茶动物园"，当然了，这并不是真的动物园。另一个则是被称为"动物天堂"的桐木关自然保护区，各种野生动植物共同构筑了"小种"绝佳的生态环境。

若非天气特别恶劣，一般入得关内的访茶人都得以在桐木村三港的位置看到猴子。看猴子，慢慢也成了我们在桐木关探访小种的必备项目之一。

是猴子们，接纳了我们，在它们的居所种茶、制茶，安居乐业。

桐木关，首先是物种的天堂，才得以成为红茶的圣地。

桐木关内的竹海

青楼一梦　世界飘香

关于红茶的起源，流传最广的一个故事，说的是明末清初有一支从江西经桐木关的部队引来桐木村茶农的好奇，纷纷因为观看部队，而把本来用来做成绿茶的茶青耽误了。在发现茶青已经无法用来继续加工成绿茶后，又不舍得丢掉，便用马尾松熏制，制成了红茶，后一举成名。

关于这个故事的真实性，我们无从可考。

红茶是六大茶类里出现较晚的茶类，人类制茶经验也需要在实践中不断积累才有可能有新的创造。红茶诞生于明末的桐木关，我相信是偶然和必然共同作用的结果。诞生有偶然性，发展却有必然性。

带着松烟香桂圆味的小种红茶，迅速成为 17 世纪后武夷

桐木关最大的青楼

茶出口世界的主力。其后闽红三大工夫诞生，宁红祁红又在晚清出现。中国红茶逐渐走向世界，其影响之深远，是许多桐木村朴实的茶农所无法深刻理解的。

桐木关的茶农最为熟悉的还是正山小种独有的"松烟香"。探源"松烟香"的最好方式，就是逛"青楼"。

采用马尾松的烟来进行鲜叶的萎凋，是小种独特的工序之一。桐木关内每个村的茶农都会把茶青集中在一个地方进行制作，从而提高效率。"青楼"的本意是指制作茶青的地方，因为是三层木楼的样式，加上马尾松燃烧后冒出阵阵"青烟"，摇曳在竹影婆娑的山谷里，"青楼"由此得名。

整个桐木关内，一共有大大小小18座青楼，散落于关内的各个自然村落。

"青楼"，光听这个香艳的名字，就叫人不禁浮想联翩。真正走进青楼后，发现每间摊放茶青的房间都是黑魆魆的。必须小心翼翼地走进去，才不会被满是烟渍的杉木墙壁"碰一鼻子灰"。

每年四月，桐木的茶叶冒出鲜嫩的茶芽后，一座座"青楼"就开始陆续冒出青烟。这种充满"烟火气息"的景象，也是正山小种被人念念不忘的重要动因之一。我不禁遐想，正山小种"由绿变红"的过程，只不过是在青楼里睡了一觉而已。

而就是这香艳十足的一梦，给予了正山小种无可取代的香气和口感，得以从海拔一千余米的桐木关，飘向世界，成就传奇！

正山好茶　自古纯粹

重上桐木关，还有一个最大的感受，就是这个地方，纯粹得只有"红茶"。不像其他红茶产区，可能同样还在制作绿茶或者白茶。

这种纯粹性，我想也是正山小种被世人所称道的因素之一。

小种诞生后不久，红茶的制作工艺就传到桐木关附近的邵武和铅山地区。这些地区也纷纷开始制作小种红茶。为了区别，桐木关的小种，在名字前加了"正山"二字，用以"强化"它的纯粹性。周围的小种，只能被叫作外山小种。

强调纯粹性，是正山小种独特价值的体现，也是对桐木关山场的最好保护。而现在，这种纯粹性在被更加有力的措施强调起来。整个桐木关被设为国家级重点自然保护区，所有非关内居民未经批准都不得入内。

对于所有的访茶人来说，在皮坑卡口的"稍事休息"是我们感受这种纯粹性的必然步骤。

每次上桐木关，脑子里只会冒出一句话："最好的茶，永远来自不可复制的生态环境"，牛栏坑肉桂是如此，易武的弯弓薄荷塘等亦是如此。精湛的制茶技艺只是将其本味还原出来。如果自然环境保护得一丝不苟，制作工艺也还能一如往昔，像小种一样，每到春茶季便生起火来，把马尾松点燃，让青楼继续青烟袅袅，茶香从里面飘出来。

这样纯粹的味道，应该至少延续了四百年。

正山好茶，自古纯粹。也正因为此，一杯来自正山的小种好茶，才更显弥足珍贵！

桐木关里山水间的一杯茶

三·一 武夷岩茶

好茶故事的三个讲法

2020·4

深谙大众传播学规律的马塞尔·杜尚说过一句流传甚广的话："一件作品的著名程度，取决于它被谈论的次数。"从惊世骇俗的装置艺术作品《泉》，到给蒙娜丽莎加上胡子，杜尚的作品本身及人们谈论杜尚的方式，都成了 100 多年来现代艺术史的重要组成部分。

任何事物被谈论的过程，都可以理解为"讲故事"。以色列历史学家尤瓦尔·赫拉利在《人类简史》里说："人类之所以成为地球的主宰，就在于人类能创造并且相信'虚构的故事'。"

倘若，一个又一个真实或虚构的故事，不厌其烦地被我们反复谈论，会出现怎样的结果。

作为乌龙茶的一种，岩茶本身从生长环境、制作工艺到香气口感等方面，就比其他茶类更具"故事性"，而武夷山的茶人在有意或无意中，又把这种"故事性"不断演绎到极致，渐渐给人一种错综复杂又精彩纷呈的印象。

到这里，我想起了武夷岩茶的三个故事。

造神记：母树大红袍

从永乐天心禅寺下山后，右拐走进坑涧之中，沿着旁边种满肉桂、水仙等品种的谷底石板路，循着溪水流来的方向，一路往里走。这条蜿蜒曲折的小路，最终指引我们来到九龙窠。

站在谷底，抬头仰望近乎垂直生长的赭红色山体中部，用砖石垒起来的地方，生长着六棵茶树。旁边写着"大红袍"三个字的摩崖石刻，表明了茶树的身份：母树大红袍。

这六棵大红袍母树，因其太过于有名，以至于所有岩茶爱好者，一定都是带着朝圣的心理来看它。抬头仰望它的姿态，像极了在教堂或寺庙朝拜的信徒。

生长在立壁之上的母树大红袍，俨然成了一组神像，供人瞻仰。

大红袍母树

它们是如何被封神的？当然得靠讲故事。

初识岩茶的茶友，或先或后，都听过关于大红袍的几个故事。其一，天心寺方丈摘下大红袍的鲜叶，救了进京赶考身体不适的书生，后来书生高中状元，获赠皇帝赏赐红袍一件，回来披在茶树上。大红袍，从此扬名！

这则故事，显然虚构的成分居多，但是人们仍旧津津乐道！另外关于大红袍的故事，则全部都是真实，尼克松访华时获赠毛主席赠送的四两大红袍，采制于斯，尊贵不已。又有，2005年母树大红袍最后一次采摘制作的20g大红袍，被拍出20.2万天价，轰动一时，人们谈起此事，仍然啧啧称奇！

2006年开始，索性停止采摘，并被24小时监控看管！

这些故事，一个比一个精彩，一个比一个令人难忘！套用杜尚的那句便是：一款茶的著名程度，取决于它被谈论的次数。连续的传奇故事，让母树大红袍封神。

建宫殿：三坑两涧

所有的"神"，都有其安身的宫殿，供人瞻仰！母树大红袍被封"神"后，三坑两涧成了岩茶的核心"宫殿"。

张天福 1941 年写的《一年来的福建示范茶厂》，和 1943 年林馥泉先生的《武夷茶叶之生产制造及运销》这两篇文章里，对"三大坑"和"八大岩"有详细的记录，并且强调三大坑所产之岩茶品质尤佳。后来，逐渐把"三坑两涧"定为武夷岩茶的核心山场。

随着武夷岩茶被越来越多的茶友所喜爱，三坑两涧的故事又一次因被反复谈起，而深入人心。一杯"正岩"茶，遂成了岩茶党最为痴迷的味道。

仅仅是香气和口感难忘么？所有关于三坑两涧的故事，也是

武夷山景区内正岩山场

味道组成的一部分，就如同每一杯龙井里，都藏着西湖的往事。

三坑两涧固然品质卓越，无奈产量有限，"牛肉"一两难求。对于大部分茶友而言，只能退而求其次，喝喝半岩茶，抑或洲茶。往往愈不可得者，愈让人念念不忘。就连到坑涧里游走一番，都得买个武夷山景区门票。

即成"宫殿"，自是不可随意进出！

在三坑两涧的故事于制茶人、卖茶人和品茶人这个闭环里，越来越牢不可破的时候。聪慧的武夷茶人，在"牛肉"（牛栏坑肉桂）的启发下，发奇想、立妙意，"马肉"（马头岩）、"鹰肉"（鹰嘴岩）、"虎肉"（虎啸岩）、"象肉"（象鼻岩）等十余款肉桂相继现世。能得"全肉宴"饕餮一番，成了岩茶党又一乐事。

这样想来，武夷山有两个动物园。一个是桐木关——正山小种的发源地。作为世界自然遗产，桐木关山高林密，溪水潺潺，飞禽走兽，安然其间。另一个则是武夷山景区，作为岩茶的"宫殿"，各色"猛兽"蛰伏，显于一泡肉桂，耐人寻味。

从三坑两涧到全肉宴，武夷岩茶通过"建宫殿"来讲故事的技法，真是不着痕迹又笔笔精彩。

入极乐：岩韵及其他

　　但凡对岩茶有些关注的茶友，必定听过一个词"岩韵"。"岩韵足"成了一款好岩茶的终极评语，仿佛在描述一个充满愉悦的"极乐世界"。

　　但是何为岩韵？你是否喝到过岩韵？我相信，在不少茶友的心中有不同的答案。科学地说，"岩韵"即是茶韵，还是在描述茶的品质。而好的武夷岩茶，是"有表现力的山场"和"优质的工艺"双重加持下的结果。

　　其实"活、甘、清、香"和"岩骨花香"都可以形容一款好的岩茶，但是总不如"岩韵"二字来得高妙，虚实结合亦真亦幻。像极了贾岛的那句："只在此山中，云深不知处。"

　　人类对"超越实体"的存在，往往心生向往和敬畏。

除了不同的山场差异，武夷岩茶还有丰富的品种差别，肉桂、水仙、黄观音、金佛、奇丹等品种又各有特色。每个品种的"岩韵"又有不同，每个人感受到的"岩韵"又千差万别。

　　只要你喜欢岩茶，总可以找到那款自己认为"岩韵"足的岩茶。这样说来，"岩韵"又好像触手可得。

　　武夷岩茶的第三个故事，虽然有些缥渺，但是又回到了所有茶和所有茶人的原点。任何一款好的茶，总会遇到懂得品味它的茶人。

　　而所有的故事，只要有人愿意讲，有人愿意听，就肯定是个好故事。

　　而这个故事的知名程度，则取决于它被谈论的次数。从这点来讲，从不缺乏话题的武夷岩茶，是一款有着丰富知名故事的茶，毫无疑问，是一款好茶。丹山碧水，岩骨花香，开怀畅饮。

"岩韵"的摩崖石刻

春茶季正在采茶的队伍

119.上福鼎白茶

时光时光你慢些走

2022·10

近十年来，白茶几乎是伴随着中国移动互联网的兴起，在茶圈热度上升最快的茶类。从默默无闻到人尽皆知，忽如"一夜春风"就够了，十足一个互联网爆款：白茶清欢无别事，我在等风也等你！

站在"白茶火热"这个事件的声浪上升期，许多观察和思考，总有其时间的局限性。"让子弹再飞一会儿"这句经典台词，或许才是我们看待白茶的最佳姿态。

说到白茶，必言"福鼎白茶"，那福鼎因何与众不同？

山海之间，用时光造物

同许多人一样，我六年前第一次喝到白茶，也是从大概五年陈期的"老寿眉"开始。初次喝老白茶，只觉得清甜爽口，不需要任何"口感学习"的成本就能接受它。老白茶喝完之后，药香伴着枣香的温润滋味在口腔中似有还无，凝神细想，又分明还在那里。

熨帖的老白茶给人的初印象，真可谓润物细无声啊。

可能是临海的缘故，第一次到福鼎时，看见舒缓柔和的群山蜿蜒地贴着海岸线，也有老白茶给我的那种温润感。走的茶区越多越加感受到，无论何种工艺，每一款茶都将其产区的山川风貌，悄无声息地贮藏在茶里。

福鼎白茶，是山海之间的一道时光之味。

这份时光的故事，可以从约莫一亿年前说起。太平洋板块与陆地板块挤压，在今天福鼎的位置形成了一个以花岗岩为主体的太姥山，被称作"海上仙都"。太姥山主峰海拔917.3米，属于中亚热带海洋性季风气候。山上多含有火山岩风化的土壤，特别适合茶树的生长。

　　相较于太姥山自己，它和茶相遇的故事则晚很多。太姥山上一个已经流传千年的传说，讲述蓝姑在山上种茶救治麻疹患儿。自此，福鼎白茶的"药用属性"就一直传诵至今。再后来到了明代，就有包括茶祖"绿雪芽"等在内的多个茶叶记载。

　　太姥山有茶和太姥山有白茶，还不是一回事。回到白茶这个茶类，最早的记载是明代田艺蘅的《煮泉小品》："芽茶以火作者为次，生晒者为上，亦更近自然"。不揉不炒的工艺，让白茶最大程度保留其本味，而贯穿始终的重要帮手就是："时光"。

　　从清末开始，福鼎白茶就开始大量外销，一直是"墙内开花墙外香"的局面。直到2007年，福鼎市出台"复兴白茶"20条政策，白茶这才逐渐走进我们的视野。

太姥山绿雪芽母树

借来东风，遂乘势而上

借鉴普洱茶的制法，福鼎白茶在 2008 年左右开始压饼。普洱茶"越陈越香"的概念已经深入人心，而白茶也具有随着时间转化的特性，且因为不揉不炒的工艺特点，风味又有独特的差异。

白茶的新茶口感上又和绿茶比较接近，还带有植物的草木清香。全国茶叶消费 60% 以上还是以绿茶为主，白茶新茶的这个特性让它有了非常好的消费者基础。再者，白茶不揉不炒的工艺，使茶叶里面的细胞大体保持完整，无论怎么冲泡都基本不苦不涩。

福鼎白茶"口感讨喜""宜于冲泡"，还适合"长期存放"，这三大优势结合在一起，白茶不想"火"都难。

点头镇茶青交易市场

福鼎白茶依据采摘标准和品种，可以分为白豪银针、白牡丹、贡眉（特指本地菜茶品种）和寿眉。这种颇为文艺的名字体系，又让白茶在消费者眼中有一种"超然物外"的清新气质。

白牡丹和寿眉这两个名字，居然还有一点明清小说的古典意象。这样一来，即便是"抽针"之后的原料制成的寿眉，外形上虽然看着粗枝大叶，可是"老寿眉"这名字一念出来，那种时间沉淀的优雅气韵一下子就上来了，又有几个人能拒绝呢？

福鼎白茶火热，有借来的势，更有其自身独特的品质特征和文化内涵作支撑。

寻茶磻溪，云深不知处

可能人一到了海边，远望湛蓝开阔的海面，就会整个身心放松起来，然后就不愿意进行一些严肃的思考。福鼎，我去过好几次，可是印象都不深刻。每次过去，爬爬太姥山然后到翠郊古民居喝喝茶，好像就过去了。

在福鼎走茶区也特别方便，从市区出发，不多时就到了点头镇，茶店林立热闹非凡。春茶季时，点头镇的茶青交易市场更是人头攒动，远近闻名。顺着公路，再往里走一点，就是白琳。白琳镇曾经还大量制作白琳工夫出口创汇，1950年代后出口迅速下降，后转做白茶外销。

白琳和点头两个茶叶重镇相距不远，之前几次来福鼎都只到了白琳和点头。一路上，公路两旁的农田和菜地里都密密麻麻种着茶树，稍远一点的山上也完全被茶树包裹。

看到这样的情景，我心生隐忧：如日中天的福鼎白茶，生长环境都是这样么？这两年也陆续喝到其他省份生产的白茶，不仔细对比，几乎和福鼎白茶无异。福鼎白茶两个当家品种"福鼎大白"和"福鼎大毫"，从1990年代开始已经被多省引种。白茶热兴起后，其他白茶产区的工艺也更加成熟，所制成的白茶风味同样十分优异。

我始终坚信，任何一款茶，最好的口感一定是不可复制的生态。如果生态和品种可以便捷复制，那么好茶的地域属性就会消失。

云雾中磻溪茶园

太姥山头采白毫银针

有一大片整齐的茶园。茶园的守护者王盘清告诉我，站在这片茶园，天气晴好时可以看见太姥山。

优质的福鼎白茶，一般都来自三个核心产区：太姥山、磻溪和管阳。太姥山是白茶的发源地，磻溪和管阳都是备受茶友追捧的高山产区。

几乎花了两天时间看磻溪的产区，进山后才发现山之大。经常弯弯绕绕一个多小时，才从一个村转到另外一个村。但是，无论多么偏远，磻溪的每个村都有规模可观的茶园。罗马不是一天建成的，磻溪的声望也是。

磻溪看完，回望点头和白琳，我开始纠正之前的看法。白琳和点头马路边菜地里的茶，并不是它们的所有。这两个镇的平均海拔虽然没有磻溪高，可是也还是有许多生态保留很好的高山茶园。而这些茶园，在马路边是看不到的。

磻溪之行，让我对福鼎白茶有了立体的感悟。我希望福鼎白茶的时光慢慢走，这样才能越走越好！

119. 工坦洋工夫

人走情常在

2019. 11.

任何一个有山有水的地方，即使是初次到访，总也觉得说不出的清新隽永。倘若它还恰巧有好茶，这份隽永，就更多了几许柔情。

一番走走停停下来，茶香渐渐入心，这份柔情，便会深深入骨，永远难忘。

我言秋日胜春朝

今年立秋后，南方就几乎没怎么下过雨，日日皆阳光明媚，不知疲惫地晴空朗日，让人一度怀疑时令是否有误。

假如，你正好在这样的秋天，来到依山傍海的闽东，身临福安，走进坦洋工夫的原产地，你就会看见漫山的茶园，依然长满了鲜叶。在茶园里，还可以看见许多采摘秋茶的茶农忙碌的身影。在坦洋村里，不少加工秋茶的茶厂里散出浓郁的茶香，闻之陶醉不已。

而当我们也亲自动手，开始采摘鲜叶，制作坦洋工夫的时候，我们确信：现在是春天无疑！

有茶的地方，四季都是春光。

长溪入海的越洋时光

坦洋村，位于福安市社口镇西部，白云山脚下，因出产"闽红三大工夫"之一的"坦洋工夫"而闻名，有"小武夷"之称。

武夷山，作为世界红茶的发源地，与国内诸多知名红茶产区都有着无法割舍的联系。闽红三大工夫（坦洋工夫在福安、政和工夫在政和、白琳工夫在福鼎）的产地，又都离武夷山不远。但是，武夷山桐木关地区所生产的红茶为小种红茶，何以演变为工夫红茶呢？

当代茶圣吴觉农先生在《茶经述评》里，对红茶的传播做过考证。红茶以小种红茶的形态诞生于武夷山后，迅速走向了国际市场。后因需求扩大，桐木关周围地区纷纷制作红茶，小种的工艺逐渐简化为萎凋、揉捻、干燥三道工序。这样不

秋日的社口镇坦洋村茶园

同产地做出的红茶毛茶就过于毛糙，无法销售，所以慢慢加入了精制工序，从而产生了工夫红茶。

工夫红茶的工艺于1851年经政和传到坦洋。而坦洋工夫的真正兴起，却得益于太平天国运动。

起初，小种红茶的出口路线，以星村为集散地，转运至江西铅山河口镇，经信江入鄱阳湖，而后由赣江入广东。这条水运路线，在太平天国占领鄱阳湖后，被迫中断。

世界对红茶的需求量是巨大的，几乎没有个例，国内历史著名的红茶产区，都是为出口而生的。经江西运至广东的红茶出口路线停摆后，闽东作为红茶的主要产区之一，就迅速改变红茶运输路线。

坦洋村，紧邻闽东第一大河——长溪。做好的红茶，沿长溪经赛琪港口，穿三都澳港口入东海，很快就能运抵福州。坦洋工夫，因为交通优势，迅速成为闽红三大工夫产量最大的，到了光绪年间，年出口量近千吨，知名茶号三十六家，雇工三千余人，昌盛一时。

现在的长溪，碧水依旧，像一条青龙夹在闽东的崇山峻岭中。没有了载满坦洋工夫出海的船只，长溪显得有点落寞。但是，也就是这条河，给坦洋工夫创造了香飘四海的机会，成就了一段辉煌的越洋时光！

"做青"的工夫红茶

　　在坦洋工夫传习所，我们见到了坦洋工夫非遗传承人李宗雄老师。1940年出生的李老，今年已经80岁了。侍茶六十年的李老，精神矍铄，聊起坦洋工夫，更是滔滔不绝。

　　跟随李老学习坦洋工夫的过程中，李老介绍到，传统坦洋工夫的初制过程，就是所有红茶共同的工序——"萎凋、揉捻、发酵、干燥"。但是新近几年的坦洋工夫茶，为了提高最终成品红茶的香气，却在萎凋的过程中加入了乌龙茶"摇青"工艺。

　　在传统红茶的萎凋过程中，鲜叶基本上是静置状态，而加入了"摇青"工艺后，鲜叶的状态变成了动静结合。正因为这样，李老说，现在坦洋工夫的初制过程，揉捻前的工序称作"做青"比较好。

而在坦洋，乌龙茶对红茶的影响不止体现在工艺，更体现在树种上。

离坦洋村不远的社口镇，为福建省农科院茶叶研究所所在地。茶科所前身，福安茶业改良场创办于 1935 年，茶界泰斗张天福曾任首任场长。走进茶科所，张天福曾经工作生活过的故居依然很好地好留了下来。

走过张天福故居，一片密实的半乔木状态的茶叶品种园就出现在我们眼前。这片品种园，就是"福建省乌龙茶种质资源圃"。

李老说，20 世纪 70 年代后，部分品质突出的乌龙茶品种，也相继用来制作红茶。现在，金牡丹、黄观音、福云 6 号和 7 号等成了坦洋工夫的主力品种。本地菜茶品种所做的坦洋工夫，虽然也有生产，但是规模有限。

在品种和工艺之间，选择传统还是现代，很多地方的茶人给出了不同的态度。闽东北地区，包括武夷山在内，大家还是比较乐于接受"创新"的。以消费者为导向的创新，未必就完全

正在萎凋的坦洋工夫

背离过去，有些根深蒂固的脉络不是那么容易能颠覆的，譬如福建茶人的精神！

　　纷纷开始"做青"的工夫红茶，给我们红茶的香气谱系，加入了新的记忆，何乐而不为？

人生是个持续发酵的过程

从鲜叶采摘到制成干茶，我们见证了一片茶叶的一生；而有的茶，却见证了茶人的一生。和坦洋工夫打了一辈子交道的李宗雄老师，用温厚又亲切地方式教会我们如何做好一杯工夫红茶，更是在闲谈的过程中，尤为认真地说道，其实，茶如人生啊，尤其是红茶。

李老回忆，在一次学术会议上，被人问到，为什么红茶是全发酵类茶？李老说，红茶加工过程中，"萎凋"是微发酵、"揉捻"是为了促进发酵、"发酵"是充分发酵，"干燥"是后发酵（毛火与足火之间，茶叶也在发酵，所以毛火不宜烘得过干），整个过程都是在发酵，所以叫全发酵。

而人生，也是一个持续发酵的过程。

坦洋工夫非遗传承人 李宗雄

　　李老说，鲜叶采下来，饱含水分，像精力充沛的年轻人。萎凋的过程，在失水，是教初入社会的年轻人要沉得住气，不要那么浮躁，先沉淀一下自己。而接下来的揉捻，是茶叶塑形的过程，就好像一个历经千锤百炼的年轻人，最终事业有成，成型了。茶叶发酵的过程，就是红茶品质风味形成的关键，也好像一个人在自己沉淀的领域不断丰富自己的过程。最终的干燥，是稳定下来的意思，对于茶叶和人都一样。

　　这是李老对于红茶的理解，更是李老对于人生的理解，何其不易，又何其精彩。

　　因其不易，故而精彩。

　　让我们一起喝杯好的红茶，温柔地走入这个冬天。

美丽的安化资水

中国古代山水画里，有青绿山水和水墨山水两大技法，代表着古代山水画的两大流派。相较于更加悦目的青绿，我更偏爱克制的水墨。一副《早春图》，俨然一个宇宙。

北宋的画家，是可以把自己全然寄托在只有一种颜色所绘的风景里。

离开福建，再往北一点，再往西走一点，就是湖南。北纬28度的湖南，有一座雪峰山。雪峰山下，产安化黑茶。

每次想到这款茶，就想到两家的水墨山水。墨可分五色，加上远山近水还有楼阁庙宇樵夫行人的轮廓，就是浩然世界。安化的黑茶，也变幻多姿，连同雪峰山的云雾、资江的倩影还有梅山文化的千年回想，亦是广阔无垠。

北纬28度，让我们去安化。

28°N 湖南

三·正 安化黑茶

墨分五色嗜者珍

2021·8

因为木心先生的缘故，大学刚肄业，遂即到乌镇待了两三年光景。初访江南小镇，纵然时逢盛夏酷暑难耐，水乡的涟漪桥影和水乡人的吴侬软语，竟莫名平添了几分清凉。

乌镇隶属嘉兴，靠近安吉白茶的产地湖州。镇上人平素饮食清淡，饮茶氛围不浓，以白开水为多，而小镇本就不多的茶客里钟爱安吉白的占大头，杭白菊次之。就是在这样一个江南小镇上，第一家茶店专营的居然是安化黑茶。

那年是 2013 年，我与安化黑茶初相逢。

黑旋风已刮了好多年

其实，安化黑茶这股"黑旋风"，在 2013 年之前就已经刮起来了。

千禧年的头几年，云南普洱茶的热度逐步攀升，在 2007 年达到一个顶峰。在普洱茶作为黑茶类可存放的认知被广大茶友建立起来后，安化黑茶迅速走红大江南北。加之部分安化黑茶品牌，用类似直销的形式，市场份额一路攀升。

早年在乌镇与安化黑茶的那场相遇，也得力于这场刮了很多年的黑旋风。安化黑茶的全国突围的模式，颇有一点"农村包围城市"的架势。有些三四线城市，连自己本地的茶都鲜有专卖店，而安化黑茶早已占了一席要位。

等到我正式接触茶后，发现大家对安化黑茶形成了两个异常分化的局面。一方面是许多并不太懂茶的人在部分商家的宣传下，把安化黑茶当作投资品疯狂购买。另一方面，少量真正的黑茶玩家，在山场原料和工艺上都颇为讲究，私享顶级黑茶之乐。这两类人，互相打量一眼后，大概都能对安化黑茶夸上一句，"好！"

可是，这分明是两种截然不同的"好"。

墨分五色嗜者珍爱之

　　来到真实的安化，才发现黑茶在这里的积淀和演绎，实在
丰富耐品。安化隶属益阳市管辖，古称"梅山"，是梅山文化
的发源地。安化境内，以资水为代表的水系纵横，而以雪峰
山为代表的山麓又雄奇多变。

　　在安化，有"先有茶，后有县"的说法。天赋的大好山
水，让安化从唐代开始就有关于茶的记载，到了明代的《安化
县志》里更有清晰的贡茶往事［洪武二十四年（1391 年），朝
廷令长沙府安化县贡芽茶 22 斤］辑录在册。除此之外，明清
两朝，安化也是重要的运销西北的官茶主要产地。

　　黑茶理论之父彭先泽先生在其专著《安化黑茶》里讲到，
从明代嘉靖年间到 20 世纪 40 年代"黑茶"一词仅限于安化，
其他地方的黑茶如安徽老六安、梧州六堡茶、雅安藏茶等，都

不直接叫黑茶。

相较其他地区的黑茶，要么以"篓"（六堡茶）为主，要么以"砖"（青砖茶）为主的外观，安化黑茶又有着更为丰富的演绎，也就是我们常说的——"三尖"（天尖、贡尖、生尖，原料等级由高到低）、"三砖"（黑砖、花砖、茯砖）、"一花卷"（千两茶）。

这些不同的紧压形态，加上不同的山头和年份，就此形成了一个相对复杂的体系。安化茶人，把一个黑茶演绎出多种色彩，各有其忠实的拥趸者！黑旋风之所以能够刮这么久，除了市场的助力，安化黑茶本身足够有特色也是毋庸置疑的。

　　真可谓"墨分五色嗜者珍"。

美丽的安化资水

小金花开出斑驳世界

初到益阳的第一站，就是参观益阳茶厂的国家边销茶仓储中心。若干个巨大的红砖仓储楼被浓密的树荫包裹，每个仓储楼里年份不一。安化黑茶一直以来远销西北，供应陕甘宁等地用茶。另外一条路线就是通过恰克图口岸，进入俄罗斯。

安化黑茶的底色，是数百年来万里茶道上不舍昼夜的奔波。就是在这样风雨兼程的慢慢茶路上，部分安化黑茶与空气里微生物发生作用，形成了特殊的金花。

虽然显微镜在 16 世纪已经被发明，但是人类对细菌的研究一直到 20 世纪才有初步进展。金花在安化黑茶自然存储的过程中出现后，很长一段时间里，大家其实并不知道这是什么。从 20 世纪 40 年代起，就不断有学者对金花进行研究，直到 1997 年，中科院微生物研究所的齐祖同在多次论证后，

金花茯茶

才最终确定金花中的优势菌种是"冠突散囊菌"。

金花菌虽然在自然界广泛存在，但是要形成"金花"也需要一定的环境条件。以前的金花是偶然得之，现在则是可以人为控制。在湘益茯茶的金花车间，成批的砖茶压制完成后就被放置其中，等待金花的生成。

在金花的发花过程中，金花菌一开始并不是优势菌种。到了第六天左右，金花菌呈现爆发性增长，开始产生不利于其他微生物存在的代谢产物，从而抑制其他菌种的生长。故而金花的生成，是有利于饮用健康的。而且金花在生长过程中，会不断分泌代谢产物，让茶叶滋味更加甜醇，带有独特的菌香，深受茶友喜爱。

　　金花的火热，其他茶类也纷纷"击鼓传花"，引种金花。金花红茶、金花白茶甚至金花单丛相继出现，小小金花开出了一个斑驳世界。

千两茶裹住浓酽岁月

　　所有的黑茶，在历史上都以外销为主，茶区不是消费区。故而黑茶类均为紧压或者半紧压形态，以便于长距离运输和保存。在形态各异的紧压黑茶里，安化黑茶的千两茶以绝对傲人的气势拔得头筹，获封"世界茶王"。

　　"世界茶王"的总重量为36公斤左右，在旧时的记重单位里，16两为一斤，故而总重为千两，又因千两用竹篾捆束成花格篓包装，又称"花卷"。千两茶大概诞生于道光年间，初期重量不一，在10公斤左右，号"百两茶"。到了同治年间，晋商在"百两茶"的基础上，增加重量改进工艺，终成"千两"。

　　在安化，随便一家茶店，两支用布包好的千两茶用来镇店是必不可少的。当站在几乎和人等高的千两茶面前，静静凝视，心底慢慢生出静默的尊敬。千两茶的制作尤为耗时耗力，大体工艺上可以分成黑毛茶的制作和成型两个阶段。黑毛茶的制作，另外三砖三尖都大体一样。传统的安化黑茶毛茶，有两道特殊的处理步骤。

由于大宗安化黑茶的叶片一般比较粗老，一芽二三叶到四五叶都有。为了降低苦涩，鲜叶在高温杀青初步揉捻后，会有一个轻微渥堆的工艺。不像普洱熟茶的渥堆需要几十天的时间，黑毛茶的渥堆大概只需 1 天到 3 天，等到叶色变为黄褐，青气消除，发出甜酒糟香气，即可视为渥堆适度。

在完成渥堆后，安化黑茶的干燥方式是最为特别的，采用松烟明火分层累加湿坯，长时间一次干燥。传统的烘焙，需要用到结构特殊的"七星灶"。在灶膛里面，燃烧干燥的松柴，热力通过堂口的"七个孔"，沿着斜坡式堂内结构向上传递。四方形的烘焙炕上，分层加入湿坯，持续七八次左右，待到八成干翻焙。七星灶的松烟明火，是传统安化黑茶最有仪式感也最难把控的工艺。这样制成的安化黑茶，干茶乌黑油润，有独特的松烟香。

完成黑毛茶的制作后，千两茶还需要经过异常费力的蒸压装篓和杠压紧形工序。最少五六个壮汉，用木杠把装好篓的千两茶压紧实，过程中还需要不断收缩竹篾花格篓。最大程

静静等候时间蜕变的千两茶

度的紧压，是为了尽可能排除内芯的多余空气，以便长期保存不易变质。在紧形完成后，千两茶还需要在晾棚完成 49 天左右的日晒夜露，在冷热交替的自然条件下完成发酵和干燥。

　　如果只能存一款安化黑茶，许多安化黑茶的发烧友一定会选千两茶。解开竹篾花格篓剥开箬叶，如山般沉静的千两茶，裹住了多少浓酽岁月？

雪峰山隐藏多少秘境

　　安化县处在资水中游,雪峰山北段。山水的天作之合,是所有好茶的不二秘密。资水的上游,有号称黑茶鼻祖的"渠江薄片"。资水一路往下,白沙溪、安化第一茶厂等都在河畔。河流给两岸山林里的茶树提供了充沛的水汽,又让做好的安化黑茶得以顺流而下,跋涉千里去往他乡。

　　安化黑茶的三个最为知名产区分别是"二山"(云台山、芙蓉山)、"二溪"(高家溪、马家溪)和"六洞"[思贤溪之火烧洞,竹林溪之条(跳)鱼洞,大酉溪内之漂水洞、檀香洞,竹坪溪内之仙缸洞,黄沙溪内之深水洞]。这些都地处湖南最大的山脉雪峰山的范围内。安化平均海拔在600米左右,海拔超过100米的山峰有157座。西部最高峰为九龙池,海拔1622米。

去往九龙池的路上，经过高马二溪。

从安化县城出发，一路盘桓，手机导航显示的路径可以折叠多层。穿梭在雪峰山的褶皱里，迷失方向是肯定的。快到高马二溪的时候，心中的疑惑越来越大：作为安化黑茶的知名山头，茶树在哪里？

终于得以在一户典型的湘中民居前停车，要去看茶时，才发现还需要走上一段路。沿着只容得下一人经过的山腰小路，走进去才得以看见散布在山坳间的茶树。高马二溪茶区靠近颇为神秘、产量更少而备受追捧的"六洞"。

从高马二溪再往深处走，经过湘中第一药谷，才能抵达九龙池。九龙池清澈的溪水里，大约形成于六亿年前的冰碛岩唾手可得。到了九龙池，放眼望去，满山青葱里仍然寻不见一棵茶树。

有许多地方，连手机信号都没有。人类文明越少抵达，自然万物才会越加繁茂！

我知道，雪峰山的秘境里，深藏着安化黑茶顶级的小众山场，不为外人所知，才能以最独特的风味被人念念不忘！

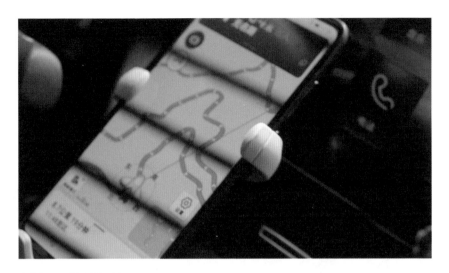

前往高马二溪的路蜿蜒曲折

雪峰山九龙池的野花

浮梁寒溪村茶园

北纬29度，是我的家乡，在江西北部。

江西自古文风昌盛，唐宋八大家占其三，历代文人墨客留下的足迹亦是数不胜数。时至今日，到江西游览，仍需要名篇指路：譬如要登庐山，李白的那句「飞流直下三千尺」必然映入眼帘；到了南昌，王勃的《滕王阁序》便久久在心中回荡。

非但如此，在江西寻茶，竟也需要名作作引。去到黄庭坚的故乡修水，他把被誉为「草茶第一」的双井茶送给好友苏轼，更写实力荐到：「力夸双井故乡茶」。到了浮梁，白居易的《琵琶行》俨然是最好的茶香注脚。

伴着唐宋的文人气韵，北纬29度，我们去江西。

江西

N

29°

114·上 宁红

漫漫修江的悠然茶香

2019·9

想要到修水喝上一杯香甜的宁红，从任何方向出发都是不易的！

修水，位于江西西部，地处幕阜山与九岭山山脉之间，西临湖南，北贴湖北，是三省九县的交界处。高速一路过去，都是崇山峻岭，入眼皆是苍翠的绿色。若是再赶上个好天气，绿色的山脊映着蓝天白云，就能抵消掉一半奔波的疲惫。

话说回来，要不是有这么一款被当代茶圣吴觉农评价为与"祁红并称世界之首"的"宁红"诞生于这里，谁又愿意承受这样的奔波之苦呢？

对于所有爱茶的人来说，越难抵达的知名茶区，往往越有着无法拒绝的魅力。宁红之于修水，或者说，修水之于宁红，也是如此。

初识宁州茶，从黄庭坚开始

　　穿过层层叠叠的山脉，终于抵达修水。到了修水，才知道这是黄庭坚的生卒地。对于修水的印象，即刻被拉到北宋那个诗儒闪闪的时代。黄庭坚诗书双绝，与苏轼为一生的挚友，被称为天下第三行书的《寒食帖》就是他们友情的见证。

　　更加让人意外的是，宁红故乡修水的茶故事，还要从黄庭坚说起，也要从亦师亦友的"苏黄"二人说起。

　　黄庭坚比苏轼小九岁，两人多有诗文往来，互诉近况互表牵挂。受"乌台诗案"牵连，四十多岁的苏轼被贬"黄州"（今黄冈），一时仕途受挫。黄州离宁州（古修水）不远，黄庭坚把家乡出产的"双井茶"做好后，送给苏轼，希望用一杯馨香的修水茶帮助苏轼排解受贬的苦闷。黄庭坚的这首《双井茶送子瞻》就记录了这段茶史佳话，全诗辑录如下：

修水双井村双井堂

《双井茶送子瞻》

宋·黄庭坚

人间风日不到处，天上玉堂森宝书。

想见东坡旧居士，挥毫百斛泻明珠。

我家江南摘云腴，落硙霏霏雪不如。

为君唤起黄州梦，独载扁舟向五湖。

苏轼收到黄庭坚送的双井茶后，极为喜欢，一时在北宋文人圈备受推崇，后被欧阳修在《归田录》里誉为"草茶第一"。黄庭坚在收到苏大文豪对"双井茶"的积极评价后，非常高兴，又赋诗一首，表达了喜悦之情：

苏门学士公为大，书法诗文俱是佳。
爱饮密云龙珍品，力夸双井故乡茶。

有了北宋两大文豪的振臂高呼，黄庭坚故乡双井村出产的"双井茶"，在一千年前就开启了自己的高光时刻。几乎是铁律，现在的江南名茶产区，往上追溯，历史上都曾经或者一直出产好茶。好茶是有历史脉络可循的，没有任何东西可以凭空蹦出来。

现在漫步在黄庭坚故乡的双井村，依然可以看到村民在制作双井茶，名作"双井雪绿"。聊到这款现在复制的茶，当地人还是愿意聊起黄庭坚的故事。时光荏苒，北宋的修水茶毕竟被历史淹没了。直到道光年间，修水开始制作红茶，修水茶才再一次站上了世界的舞台。

一程山水一杯茶，宁红的峥嵘岁月

众所周知，武夷山是世界红茶的发源地。提起武夷山，大家的印象都在福建。其实，武夷山跨越闽赣两省，隶属福建的这边原称崇安，后来改名为武夷山市。隶属江西的那边一直叫作铅山。

明朝末年，正山小种在武夷山创制成功，标志了红茶的诞生。关于正山小种的记载，目前被引用最多的是雍正年间的崇安县令刘埥在其《片刻余闲集》的记载"山之第九曲尽处有星村镇，为行家萃聚所。外有本省邵武、江西广信等处所产之茶，黑色红汤，土名江西乌"。从这个记载可以看出，江西铅山也可以算是世界上最早制作红茶的地方之一，现在出产的红茶叫作"河红"。

江西与红茶的渊源，深厚如此。

宁红工夫金毫

当代茶圣吴觉农盛赞宁红和祁红

红茶在武夷山地区诞生后，制茶工艺首先在武夷山周边的铅山、政和、坦洋等地传播，继而传到修水，宁红由此在赣西诞生。

关于宁红准确的诞生时间，一直没有定论。当代茶圣吴觉农考证后的说法是"早祁红90年"。照此推断，应该是1785年（祁红诞生于光绪元年，公元1875年）。但是目前比较公认的时间节点是道光年间，也就是公元1821年。即便如此，宁红的历史也要早祁红50年左右。而祁红的诞生，又与宁红有着直接的关系。光绪年间，祁门人胡元龙请的师傅叫"舒基立"，就是宁州人。

宁红自道光年间创制以来，一直经水路到汉口，远销海外。光绪年间，宁红的出口，到了鼎盛时期，每年输出量达三十万箱之多。

成就这段宁红的峥嵘岁月的，是一位白手起家的修水茶商罗坤化。30岁时，罗坤化在漫江茶庄学做茶，40岁后自筹资金开设"厚生隆"茶行，所制红茶多与俄贸易，自此发家扬名。光绪十七年，罗坤化亲手制作的红茶，得到俄国太子的盛赞，获赠"茶盖中华，价甲天下"嵌金长匾一块，一时风光无限。

修水茶人对罗坤化之于宁红的贡献推崇备至，奉为"茶工师祖"。罗坤化虽然不是宁红的创始人，但是其经营的茶行大规模地把宁红卖了出去，对于宁红在世界构成的历史影响力是巨大的。所有的评价最终都是消费者给的，声望需要正向的累积。

到了国民政府时期，修水成立了"修水茶叶改良场"，中国著名的红茶专家冯绍裘先生1933年在场里任技术员，负责宁红的初、精制的试验工作。

新中国成立后，江西省修水茶厂和其他国营茶厂一样，承担着计划经济时代宁红的生产任务。在修水茶科所，依然存放着大量新中国成立后修水茶厂不同年份的茶样。一个个玻璃瓶里，都装着宁红的岁月陈香。

是宁红的峥嵘岁月，让宁红有了不可复制的文化积累。

三分旧制七分新，宁红的摩登时代

修水四周皆是莽峰，交通不便。但是在茶叶产品创新上，却一点不保守。

1985 年，在传统宁红工夫基础上，采鲜嫩单芽制作的"宁红金毫"创制成功，算是单芽红茶的始祖。宁红金毫目前也是宁红的当家产品，口感清甜，花香细腻。在宁红金毫获得成功后，传统的宁红工夫，就慢慢被遗忘了。目前在做的宁红工夫，虽然名为"工夫红茶"，在工艺上已经做了很多简化，不能代表工夫红茶的标准工艺。目前国内工夫红茶工艺保留最好最完整的，还是应该说回祁红，传统手工精制的十七道工序依旧严格遵守旧约。

除了宁红金毫，由修水茶厂改制后的宁红集团在 20 世纪 90 年代，还开发了"宁红新效减肥茶"，并在全国范围内进行

宁红龙须茶

大范围的广告营销，一时火爆无比。甚至还开发了"宁红男子汉茶"，宣传可以"补肾壮阳，提神醒脑"，并在西安、杭州等地投放公交广告。这样的产品和营销创新，在20世纪可以说是开创性的。宁红新效减肥茶，曾经为宁红创造了无数新的关注点。

　　在修水，还有一款茶，也是当地茶人津津乐道的，那就是宁红龙须茶。简单说来，就是把整形宁红用五彩丝线包扎起来。

这些创新，回看起来，颇为摩登，玩法也颇为前卫。而这些产品的基础，又都离不开"宁红"这个共同的母本。

好茶，是唯一的，又是包容的；是不变的，也是多变的。茶的魅力，一部分也来自于此。

到了修水，另一个令人印象深刻的是，临河有许多用帐篷支起的简易茶馆。当地百姓，工作之余，都会到茶馆坐坐，花六元左右就可以点一杯"家乡茶"，享受一下悠闲时光。

"家乡茶"又叫"什锦茶"，在泡好的热茶中，加入炒熟的花生、黄豆、炒米、芝麻还有腌菊花（修水出产金色黄菊，当地人喜欢用盐腌渍）等，边吃边喝。

这种类似于"擂茶"的茶俗，在修水的民间一直延续至今。现在去任何一家修水人家做客，家中的女主人，都会用修水话招呼三声"戏下儿噹（音：dāng），坐下儿噹，恰碗茶噹"，意思是，来家玩一下，坐下吃碗茶。而这个吃的茶，就是当地人所说的"家乡茶"。修水人在婚礼等重要的时刻，新人给长辈和亲友奉"家乡茶"也是一个重要的礼节。

目前这个茶俗，只在修水县内盛行，周围的武宁、铜鼓地区，都不常见。在修水的每个乡镇，"家乡茶"的配料也不尽相同，各显地方特色，都有滋有味。

有传承有序的茶俗，是修水作为传统茶乡最有力的证明。茶已经融入了当地人的日常生活，在未来的漫长时光里，更是会难舍难分。这是茶乡的人与茶生活最好的模式。

茶之美，在乎特定的时间空间，更在乎不限时空的日常。出产宁红的修水，做到了！

117. 浮梁茶

故园茶香伴我行

正所谓"南方有嘉木",大部分身处江南的人,从小就与茶结缘,我也不例外。我的老家,是江西浮梁。得益于唐代大诗人白居易《琵琶行》的盛名,许多人一提到浮梁和浮梁茶,那句"前月浮梁买茶去"就脱口而出!

《琵琶行》是一首长诗,辞藻华丽,情节生动。可能对当时才上中学的我而言,并不能完全领悟白居易全诗的精彩。长大了重读,才发现这是一首感人至深的"弃妇诗"。琵琶女的丈夫是茶商,上个月去浮梁买茶至今未归,只好"去来江口守空船"。

白居易用"大珠小珠落玉盘",来描绘琵琶女弹奏技巧之高超,愈是这样,琵琶女内心就愈是寂寥。白居易见此情此景也被真实感动,故而最后一句写到"江中司马青衫湿",也泪目了。

后来读懂了琵琶女凄惨的身世,我就不爱用"前月浮梁买茶去"来讲述浮梁茶。

翻阅茶史，浮梁茶的辉煌又的确在盛唐。浮梁地处江西北部，发源于黄山祁门的昌江穿县而过，最终流入鄱阳湖汇入长江，自古交通便利。在唐代，是赣北、浙西、皖南的茶叶集散地。故而琵琶女的丈夫需来浮梁买茶。

浮梁茶在唐代贸易量巨大，据唐《元和郡县图志》记载"浮梁每岁出茶七百万驮，税十五余万贯"，从产量和税收来看，浮梁可以说是"大唐第一茶市"！

宋真宗时期，浮梁县管辖的昌南镇更名为"景德镇"，瓷器自此成为浮梁的绝对主角，浮梁茶的故事就渐渐式微。光绪年间，浮梁和祁门几乎同时做红茶，所产红茶也被当作"祁红"出口。浮梁大部分茶园，都在浮梁北部西湖、瑶里、鹅湖、九龙等乡镇，也都与祁门交界。浮梁与祁门山水相连，茶香永续。

新中国成立后，浮梁所产的红茶被命名为"浮红"，细品还是祁红的风味底色。浮梁另一款名茶"浮瑶仙芝"，属于针形的名优绿茶，在江西和"庐山云雾"齐名。

这是浮梁和浮梁茶的宏大叙事，我与浮梁茶的故事，却是从老家那片小得不能再小的茶园开始：篁丝坞！

浮梁寒溪村茶园

篁丝坞春茶记

　　篁丝坞，是我出生的地方。如果翻出地图，直接按名字搜索，应该查无此处。户籍登记的地址，完整摘录下来，则是如下的一段——"江西省景德镇市浮梁县经公桥镇金家村北山组 27 号"。隶属于金家村，但是我家姓胡，由此可以判定，我家是外迁到此的，大概是五十年前爷爷辈的事情了。反正，我出生的地方，就叫篁丝坞。为什么叫篁丝坞呢？大概村里的山林里竹子不少，篁林莽莽，丝丝清音。总共十几户人家，凹型的村落，老房子沿山脚排开，正对着稻田。

　　我对茶最初的印象，也来自于篁丝坞四围山上散落的茶园。

　　这些茶园，其实之前是各有其主的，当然现在依然如此。只是自我记事起，这些散落的茶园都一年一年被人们忘却。

奶奶的老房子

从小长大的赣北小村

深谷远林里的茶园，慢慢被山林淹没，路也被杂草覆盖，难觅其踪。

村里人似乎对于茶叶不怎么热衷。每年清明时分，村里人也是会去摘茶叶的。采茶制茶的时间，不会超过一周光景。大概制得三五斤干茶，供得一家全年粗茶之消耗即可。至于口味上，更是不甚讲究。简易炒青，简易揉捻，烘干便得。至于炒青时锅温多少，茶型如何，完全没有要求。

总之，篁丝坞的人，对于茶叶，是不甚重视的。

这份不甚重视的态度，致使村中四围山上许多茶园完全荒芜。倘若费尽千辛万苦硬闯进一处茶园，也只能看到几十年从未被修剪过的老茶树几乎都要长成小乔木了。如果时间足够久，任何人为的痕迹，都会被自然覆盖。春生一层绿，秋覆满地黄。

但是，我的"茶瘾"居然就是在这个没有任何茶风的村中长成的。

回想我的茶瘾养成史，有两个人应该是绕不开的。一个是我奶奶，一个是我父亲。奶奶嗜茶如命，整日一大搪瓷缸的茶叶泡着，闲时忙时都捧起来喝两口。小时候经常在奶奶家和猫玩，渴了就会端起搪瓷缸一顿牛饮。少时夏日渴后的那缸茶，最为甘甜。

而我的父亲，则恰恰会做茶。其实也只是比较简单的炒青揉捻和烘干，同样的手法，居然他就能比较干净利落地完成，也不知道他是跟谁学的。后来回想，父亲制作绿茶的手法，有点像松萝茶的工艺。高温杀青后，轻度揉捻成卷型，而后烘干即可。但是杀青这一项，不是那么容易掌握的。

后来读文献，读到明代罗廪的《茶解》有一段描写后，大为惊叹——"炒茶，铛宜热；焙，铛宜温。凡炒止可一握，候铛微炙手，置茶铛中札札有声，急手炒匀。出之箕上，薄摊用扇扇冷，略加揉挼，再略炒。入文火铛焙干，色如翡翠"。这里面描述的明朝炒青工艺，和父亲做茶时的情景别无二致。再后来想到，炒青鼻祖松萝茶产自休宁，离我老家也并不遥远。所以父亲制茶的经验，也许是这个地区世代流传的手法，只是没有明确的文字记录而已。

文献也罢，口述也行，制茶这件事，终归没有那么容易。

每年清明前后，如果我在家，是一定会和母亲去采茶的。我采的比较细小，母亲采的大一点。经常半天下来，我笑她的茶叶粗枝大叶，她笑我半天采的不够一泡茶。无论大小，回家后，父亲都混在一起，制成干茶，这就算能喝到新茶了。

篁丝坞的春茶故事，可供叙述的部分其实极其有限。以上白描的文字，大抵只能算是我个人的少年春茶记忆。

与茶有关的故事，都是美好的，盈盈一盏，淡淡飘香。

正逢清明，选一首孟浩然的诗放到最后吧，恰好也与茶有关：

《清明即事》

唐·孟浩然

帝里重清明，人心自愁思。

车声上路合，柳色东城翠。

花落草齐生，莺飞蝶双戏。

空堂坐相忆，酌茗聊代醉。

篁丝坞秋茶记

老家的秋季，是不采茶也不做茶的，可是毫不影响我寻茶！

秋光娴静，暖阳随处挥霍。归家小住一日，其实无事可做。闲逛，逗猫，买菜，当母亲的面赞赏栏里三头黑猪的长势以及谷仓里堆成小山头的红薯和南瓜，这是那三头黑猪入冬继续长膘的重要保证。劳动，一定要被夸赞！

口渴，找父亲要茶喝，翻出的是他自己做的春茶，谷雨时节在菜园旁边的茶树采摘的。叶大梗粗，味浓却甘甜，耐泡好喝。随即想起家里还有一片野茶园，突然很想去看看。反正闲来无事，午饭用毕，带着柴刀和斗笠，一副农民打扮，出发。

老家所在的村子极小，几乎都不算一个村子，父辈的父辈都住在山坳里，房子也就一小排，背山面田。普通不过的南方小山村，四季更替，准确无误。过了立冬时节的田野，收割机的痕迹，每一条都像是伤口，满是疲惫。

印象中，小时候的田野却不是这样的。那时的水稻，一律人工育苗，水牛犁田，镰刀收割。秋收后的稻桔梗，也会悉数被整理成束，晒干后，累成一个个蒙古包的样子，以备牛羊过冬使用。收割机来了，水牛随即退出，放牛娃已经消失很久了。

和水牛一起退出的，还有稻田。自家的茶园在村里最高的那座山的山谷里，从家出发，约莫要走半个多小时。今天，却几乎花了近一个小时。去往茶园的路，要经过连片的稻田，山脚和稻田的路，路线是十分熟悉的，但是现在几乎找寻不到。村里许多稍远一点的稻田，近几年都荒废了，杂草丛生。田边本就狭窄的山路，自然也被野草淹没。稻田的退出，只是乡村凋敝的一个侧影。稻田荒废的边界，是我们撤离山野的边界。越往山里走，路况愈见艰难，走到一半，几乎想掉头回去。

转念想到，穿过漫漫荒草的尽头，还有一片野茶，还是忍了下来。

当然是野茶，母亲说，那片茶园，从她嫁到父亲那年开始，就没有修剪打理过。每年茶季，想起来，天气好就去摘一点。天气不好，一年也不会摘一次。穿过竹林，就到了山脚下，接下来是爬山。

脚下哪里有路呢，其实是乱石铺地，雨季是山水淌的溪，旱季是人走的路，四周皆是密林。越往上，草越密集，几乎是用柴刀开出一段路，然后走一段。边走还得留心脚下是否有蛇，虽然已经入冬，天气这样好的时候，蛇还是会出来。自小长在农村的我，其实，不算胆大。

远看见一排青石砌成的炭窑，我知道快到了。这种废弃的炭窑，附近的深山里面还有很多。小时候，我都随父亲去山上烧过窑。靠山吃山的时代，获得是艰难的。村里的老一辈人，在他们的壮年，在窑边搭一个木棚，长年住在窑边烧炭卖钱的人大有人在。至今，还有很多关于这些烧炭人在深山遇到老虎毒蛇的故事，还有遇到神仙的。真真假假，都是陈年往事了。随着村里上了岁数老人们的逝去，那些关于山中神仙的故事，也就消失了。这也是我们撤离山野的例证之一，那么，我们未来该居住在何处？

爬上窑址，终于抵达。炭窑之上，居然有一片平坦的空间，密林遮日，光线幽暗。密林之下，散落着近百颗茶树。

如果不仔细辨认，几乎很难发现它们和周围稍矮的其他植物有什么区别。

这些茶树，近十年都还有人修剪过，最高不过平肩齐，再往上，是陡峭的山谷，径直往上爬，可以爬上山脊。

山谷里的茶树，都是两米以上的老树了。越往上，树越高。因为山势陡峭，几乎从来没有修剪过。这些茶树，两年前的清明前后，我和母亲来摘过一次，大半天的时间，把山谷里茶树的茶叶全部摘尽了，约莫做了两斤干茶。如果加上那棵因盘了一条竹叶青而放弃采摘的茶树的原料，应该能做两斤。父亲制茶的技术，在我看来，是极好的。小时候只是觉得好喝，现在稍微懂了一点茶叶知识后，想起来，才发现父亲制茶的方法，就是类似于"松萝茶"做法，柴锅炒青，轻揉又复揉后，炭火烘干。这时有时无的两斤干茶，是我记忆里味道最好的家乡茶。

坐在山谷里，回想小时候那些在山上和田里的时光，依然觉得自己是那个只有十岁左右孩子。故乡风物的魔力之一，就是每一次回忆都会把你拽回小时候。我们都是生在两个子宫里长大成人的。山谷是另一个子宫。

出了一会儿神后，继续打量山谷里的茶树，心想，它们真

是寂寞啊，几乎一年都不会有人再来看它们一次。又想起木心先生的俳句"寂寞是自然"，是的，被人遗忘，应该也是一种运气。

山中清凉，秋冬天气，即使晴空朗照，坐久了，还是觉得冷。给老茶树拍完照，下山。重又走回荒草丛生的田野，这次是背对后面的大山。心想，这是我逃离山野的轨迹。

秋日，山谷寻茶，绿野总有仙踪，我遇到了曾经镇守这座大山的神仙，简短交谈后，我转身告别了。

我们撤离山野，又该居住在何处？

浮梁茶，是来自故园的茶香，伴我走过所有成长的岁月，也必将伴我老去！

牯牛降，祁红核心产区之一

北纬30度，穿过浙江、安徽、湖北、四川等多省，四季分明，南北适中，自古以来是中国名优好茶最为集中的纬度，像一串珍珠一般闪耀。

除了适宜茶树生长的自然条件外，这个纬度也是从古到今人文积累最丰厚的所在。名茶之「名」：一在产区优渥，所以原料出众；二在采制精细，故能品质卓越；三在历代赞诵，必然盛名远播。

北纬30度，几乎随便找个地方，都能找到好茶！

早已无须多言，一款接一款喝便是了。

30°N

浙江
安徽
湖北
四川

191.丁 西湖龙井

水光潋滟岚峰晴

2022.3

"春天到了，我们见一面吧！"

"好啊，在哪里见？"

"何妨在西湖，何妨共品一杯龙井？"

中国向来有绘制和观看长卷的传统，从右往左慢慢展开，游目骋怀、酣畅淋漓。一副长卷，就是古人的电影。我们熟悉的《富春山居图》和《千里江山图》，都是丹青史享有盛誉的浩瀚名作。也有一些长卷，无论篇幅还是景别都远胜以上两幅，却籍籍无名，譬如清代宫廷画家徐扬的《乾隆南巡图》。

《南巡图》里的宫宇楼阁繁华江南还有沿路朝拜的官员百姓，是康乾盛世应有的阵势。乾隆皇帝六次南巡，其中四次都是正月中旬出发，沿着京杭大运河一路巡视，约莫一个多月时间抵达杭州。

从北方的冬天出发，到杭州时已是春天。乾隆皇帝每次选择这个时间南巡，除了沿途会见官员处理政务，兴许还有一个私心：想来看龙井！

乾隆皇帝爱茶，第一次到杭州，行至天竺观看龙井茶的采摘和炒制后就写了那首著名的《观采茶作歌》，开头两句"火前嫩，火后老，惟有骑火品最好"足见其懂茶。第三次南巡，作《坐龙井上烹茶偶成》，写到"龙井新茶龙井泉，一家风味称烹煎"，可谓是好泉泡好茶，喝出了门道。

乾隆皇帝年岁渐高后，便不再南巡，可是心中还是惦记龙井，坐在北国想念南国的春茶，写过一首《烹龙井茶》，里面有两句是"我曾游西湖，寻幽至龙井，径穿九里松，云起凤凰岭"。一个"曾"字，把四次南下访茶的记忆勾勒，一个"幽"字又把龙井产地的意象凝结。

为什么西湖龙井如此令人难忘？

故宫贡茶雨前龙井

西湖：一湖尽揽江南色

对于种爱西湖龙井的茶客来说，纵然阳春三月华夏皆春相继有许多名茶可以品味，但是没有西湖龙井的春天，是不完整的。

那么，最美的春天在哪里？

中国幅员辽阔，各地春来早晚不同，风景也各异。但在传统的文学叙述里，赞美最多的还是江南。杜牧那首《江南春绝句》，是"多少楼台烟雨中"的江南；白居易的《钱塘湖春行》，是"乱花渐欲迷人眼"的江南；杜甫的"落花时节又逢君"是旧友重逢的江南。

唐宋八大家，均有描写江南美景的名篇传世。上千年来，这种文化意象上的累积，"润物细无声"地影响着每一个中国人。江南春天的美，是越写越美，越看越美，越传诵越美。

那么，哪里的江南最美？

这是一个几乎无法回答的问题，但我仍愿意用一己的偏执说是杭州西湖。苏轼的一句"欲把西湖比西子"，直接把西湖比喻成绝代美人；宋代诗人林升徜徉在"西湖歌舞几时休"里，直言"暖风熏得游人醉"；宋代词人陈德武眼里的西湖是"十里荷花，三秋桂子，四山晴翠"。

木心先生谈到西湖时说："记忆中的印象极佳，一旦重临，又觉得比想象的还要好。"

中国最美的春天在江南，江南最美的地方在西湖，两重极致风景的叠加之处，还有一款名茶称作"龙井"，谁能拒绝它呢？

茶都在山上，西湖龙井也不例外，最好的龙井产在狮峰山，却还是叫"西湖龙井"。不得不承认，西湖的名气太大了。中国大部分名茶，都是以山命名，好像只有西湖龙井，因湖得名，真可谓"一湖尽揽江南色"！

龙井：一茶独占半山春

西湖龙井，如果再琢磨琢磨这个名字，会发现它是由两个地名组成，在中国茶的命名上也是独一份。龙井，是茶名，也是地名。

"龙井"一词，最早出现在北宋，源自狮峰山下的老龙井寺，也就是今天龙井村旁的宋广福院。传说有一个辩才和尚，在狮峰山开始种茶制茶。元代，在虞集的《次邓文源游龙井》中，龙井第一次与茶同台亮相。明代，龙井茶已经声名远播。到了清代，乾隆皇帝的钟爱更是把龙井茶的名气推到巅峰，面积也逐渐扩大。

现在的西湖龙井茶产区，依据《杭州市西湖龙井茶保护管理条例》划定的范围，除了包含由市人民政府划定的"狮、龙、云、虎、梅"等传统字号在内的一级保护区，还有二级保

西湖龙井，流淌的春光

西湖龙井纯手工炒制

护区和部分由市人民政府认定的预留基地，总面积不过2万余亩，年产量不过515吨。

西湖龙井茶这么大的名气，却只有这么少的产量，怎么够喝呢？于是紧邻杭州的钱塘和绍兴，也开始大量制作，不过只能叫作"龙井茶"。据统计，整个浙江生产的龙井茶里，只有一成左右是西湖龙井。

即便整个浙江都做龙井，似乎仍然不够喝还不够早，于是大量龙井43号被引种到贵州和四川。正月好像还没过完，"早春龙井"就迫不及待要上市了。而且这些西南"龙井"这两年愈发亮相得光明正大，譬如贵州"晴隆龙井"。

"龙井"一词，到了这里含义又再一次扩大：扁平炒青工艺的绿茶，好像都可以叫"龙井"。（《龙井茶》标准里，只限于浙江省内产区内）。"龙井"类的茶如此"大行其道"，还是得益于西湖龙井的无二品质和名望。一直被模仿，从未被超越。

说回西湖龙井，除了延绵千年的文化累积，和毗邻西湖这个无可复制的"立地"价值外，其炒制手法也是中国绿茶加工极致追求的最好体现。西湖龙井著名的十大炒制手法，从鲜叶下锅到干茶出锅，一人一锅便可完成杀青和做形等关键工序。能够炒得一锅好茶，非经年累月苦练不可，锅内毫厘之间的变化尽在一掌之间。

一杯上好的西湖龙井，有"色绿、香郁、味甘、形美"四绝，属实是"一茶独占半山春"。

问茶：闻香寻幽到狮峰

龙井问茶，需向龙井行。

从西湖到龙井村并不远，一到满觉陇，树高林茂茶间其中，就立刻有一种遁入山林的感觉，繁华的杭城和热闹的西湖好像都和此地无关。西湖龙井核心产区的环境，还是无可挑剔。

龙井村，五年前来过一次，一个人匆匆游览一翻的记忆仍然历历在目，还访明清小品文写了一篇《龙井村小记》，辑录如下：

"丁酉早春，时三月杪。晨曦雾霭中，别西子湖，临龙井村。从口入，群山环伺村郭，屋舍俨然，迎风有修竹，面水尽桃樱。山且植茗，高下无遗土，环顾皆新芽。有石阶蜿迤绵延至高岗，间以凉亭木椅，供游人拾阶而上，游赏休憩。是时，煦日和风，山色郁翠，游人络绎不绝。山下，有老妪伴稚童于制茶锅釜旁，静待宾客。龙井村中，几近家家制茶，人人贸茶，盖龙井茶声名远播之故，有好茶者自海内外贯入，只为一啜香茗。踱步茶园，见三两妇人，携箧篓戴笠帽，埋头采茶。向前问询，方知皆非龙井村人也，多自开化远涉而来。而村中人，具在山下制茶贸茶。呜呼，龙井价高，与采茶人几无所涉！西子湖畔，龙井村中，尽是痴客！"

来到龙井村，乾隆手植的十八颗御茶不得不看，不过看一眼即可。更加不容错过的，是狮峰。西湖龙井五个字号里面，"狮"字号最有名望，包含狮子峰、万仙岭、旗盘山、龙井村等产区在内。

茶季的翁家山村，热闹非凡。每家每户自然都采茶做茶，茶客来回探看试茶询价。漫步其中，除了弥漫的茶香，还有一种"侠隐"云集的感觉：每一户都有私藏不卖的绝顶好茶，随便一个炒茶人对狮峰龙井都有独到的理解。不是真正的狮峰行家，不敢轻易出手。

穿过村中小径，走上一个坡地，大片的茶园突然映入眼帘。定睛细看，上下远近的茶山上都有人采茶。采茶阿姨组成的各个队伍，有背着竹筐下山送茶的，也有送完一批鲜叶后重新回到茶山继续忙碌的。每次在茶山看到这些质朴勤劳的采茶人，心里已经为这款茶的味道刻画了几分暖意。

翁家山，因村民多姓翁而得名，茶园里种植最多的是龙井43号。狮峰的龙井43号制成的茶，已经是一等一的好茶。更好的，藏在狮峰山上少量未被改良的群体种茶地里，非顶级玩家是没有机会品赏一二的。相较于龙井43号，群体种口感更醇厚，富有层次。

正宗的狮峰龙井，风味稳重，茶汤纯净透亮，口感醇厚，回甘绵长。有人形容像一个稳重的中年汉子，厚重稳健，内涵丰富，耐品耐泡。一杯群体种纯手工的狮峰龙井，大概就是西湖龙井的天花板味道，亦可称之为"峰味"，喝完之后再看其他龙井，便是"一览众山小"了。

闻香寻幽到狮峰，西湖龙井冠天下。

在中国最美的江南，在江南最美的西湖，在西湖最美的春天，最令人难忘的还是龙井。杯中江南春，一口足以。

今年的西湖龙井，你喝上了么?

狮峰山三月采茶忙

三〇丁

[三〇丁] 祁门红茶

罗曼蒂克飘香史

2021·9

我们时常陷入一种困境：愈是特别熟悉，或者自以为特别熟悉的事物，叙述往往变得困难重重。反倒是，启齿开口讲述他人的故事，却顺畅无比。就如同许多作家，描述甚至杜撰别人的故事时，信手拈来滔滔不绝，却始终不愿意写一篇自传。

譬如祁红，因为工作的缘故，在祁门待了若干年。记不住独自喝过多少次祁红，更记不住陪人聊过多少次祁红，煞有介事地高谈阔论。愈到后来，愈发觉得这里面潜藏着隐隐的不安：我真的了解祁红么？

两份榜单，是祁红的无上荣光

　　任何一款茶，都构筑起从茶园到茶杯的完整时空。这款茶能够离开它的茶园多远，这个时空就有多广大，其风味的叙述者就能有多丰富。譬如祁红，从 1875 年诞生后，就立刻远渡重洋来到英国，当祁红优雅馥郁的香气终于在英式下午茶里绽放时，它全新的故事开始了。

　　而每一款茶所有的评价，最终都是消费者给的。于是英国人在祁门红茶诞生的第 17 年（1892 年），在牛津大词典里，参考其产地祁门的发音，创造了一个专门的单词"keemun"来代表祁红。这些荣耀，回传到它的原产地祁门后，自是一道无上的荣光。这道荣光，让每个祁门人谈论起祁红来，都倍觉骄傲！

　　这种骄傲，终于在 1979 年，祁门红茶诞生的百余年后，

传统祁门工夫红茶

祁门红茶茶汤

被来黄山考察的邓小平同志作了一个无比简洁又铿锵有力的总结："你们祁红世界有名！"。是的，世界有名的原因，是祁门红茶离开生长它的茶园足够远，横跨中西。当我们谈到热衷的名茶排行榜时，祁红则有两个榜单："世界三大高香红茶之一"和"中国十大名茶里唯一的红茶"。

一款茶，能够同时跻身两个名茶排行榜，非祁红莫属。而这两份榜单，又昭示了祁红在国内外两种迥然不同饮用场景下的特殊处境。在国际范围内，红茶以压倒性的比重占据首位。中国几乎所有知名的红茶，都有着悠远的外销史。很多红茶，自诞生之初，就是为了出口而准备的。

"祁红世界有名"的百年辉煌，是一部罗曼蒂克的飘香史……

一战成名，需天时地利人和

祁门红茶诞生的光绪年间，中国茶面临着较大的出口压力。1825 年，英国人把从中国盗取的茶籽种在了加尔各答植物园，开始有计划地培育茶苗，随后种到阿萨姆和大吉岭。之后的几十年里，茶叶在印度和斯里兰卡大面积推广开来，产量极速攀升。1888 年，英国人在印度生产的茶叶总量，第一次等于从中国进口的茶叶总量，次年就超过了。祁红，几乎出现在这个两国茶叶博弈的最关键时期。

在祁红之前，闽红三大工夫（政和工夫、坦洋工夫、白琳工夫）已经销欧多年，红茶鼻祖正山小种自是不必说。诞生于晚清的祁红，还能迅速突破，主要得益于以下三点：

首先，祁红足够幸运。面对外部环境的变化，以胡元龙（祁红鼻祖，祁门县平里人）为代表的祁门茶人选择"以变应

牯牛降，祁红核心产区之一

变"，改绿制红。其次，自古出产好茶的徽州生态环境优异，又让祁红一诞生就独具特殊的祁门香——"花香、果香、蜜香"，尤其它淡雅的玫瑰香又刚好契合欧洲人对于玫瑰的喜爱。最后，徽州作为中国茶重要的历史产区，一直有数量可观的从事茶叶产销的实力茶号，强大的运销渠道，让祁红出口的"生意"更加便捷高效。

总而言之，祁红在晚清被"做了出来"（天时），又"品质上佳"（地利），还"销路顺畅"（人和），促成了祁红在国际上的声望。其实清朝末年到民国，其他省份也有红茶创制，由于无法同时具备这三个条件，而最后悄无声息地被历史淹没。

　　到了民国时期，国民政府在祁门平里设立祁门县茶叶改良场，吴觉农、胡浩川等一大批茶叶专家为祁红的近代发展做出了杰出贡献。新中国成立后，承担出口创汇任务的祁红继续被赋予厚望，高峰时期有 2000 多个员工的祁门茶厂一时风光无二。这一段，细说开来，几乎是半个中国近现代茶叶发展史。

　　这些是祁红成为世界三大高香之一的厚重支撑！

祁红四杰，是祁门香的四重奏

由于祁红一直以出口为主，"中国十大名茶"里的祁红
对于国内茶客又稍显陌生。只听过没喝过，是一种"神秘的
困境"。

中国是世界上绿茶产量和销量最大的国家，大部分普通茶
客对好茶的印象，是建立在直立杯里"亭亭玉立上下舞动"的
明前嫩芽基础上。祁红一直以来的出口的"工夫红茶"，经过
打袋筛分后的祁红工夫，芽叶不完整又需要异常精准的冲泡，
在面对国内茶客的时候，一时不知道如何进行完美的"自我
介绍"。

20世纪90年代，祁红开始内销的初期，祁红工夫并没有
很快闯出一片天地，于是芽叶完整的祁红毛峰和香螺诞生了。

祁红香螺手工定型

祁红工夫、祁红毛峰、祁红香螺和祁红金针，被称为"祁红四杰"。一门四杰里，祁红工夫被称作传统工夫，诞生于1997年的祁红毛峰和香螺，与后面出现的祁红金针，被称作"新派祁红"。在工艺上，它们有着相近又不完全一样的初制工艺。萎凋、揉捻、发酵环节大体一样，干燥环节上，毛峰和工夫都是烘干。而祁红香螺，则需要在锅里，像制作碧螺春一样搓成螺形，干燥的同时做型。祁红金针，则是在干燥过程中借鉴针型绿茶的定型工艺，搓成针型。

而祁红工夫，在干燥完成后，还需要进行包括打袋、斗筛、飘筛、圆筛等在内的十几道精制工序方能最终制成，颇费

"工夫"，因此得名。

虽然都是祁红，但是由于工艺的不同。祁红四杰，在香气和口感上还是有细微差别。祁红工夫香气上要内敛丰富一点，滋味则更显醇厚。新工艺的香螺、毛峰和金针，甜花香更明显，滋味上偏向比较轻盈的清甜。

传统工夫在发酵程度上，要稍比新工艺祁红重一点，更显果香。在金骏眉的单芽红茶成为红茶新宠后，采摘更加细嫩（单芽或一芽一二叶）的名优新工艺祁红，也借鉴金骏眉，发酵稍轻，更显花香。

一场常规的四重奏，由一把大提琴、一把中提琴和两把小提琴组合而成。在祁红四杰里，内敛厚重的祁红工夫，则是那把音色浑厚饱满的大提琴，承载起祁红的底味；甜花香轻盈明显的祁红毛峰和金针，就像那两把小提琴，和谐明亮悦耳动听；而嫩甜香明显口感又不失层次的祁红香螺，则像那把中提琴，指法和运功与小提琴基本相同，音色稍为厚实一些，温暖而丰满。

祁红四杰，是祁门香的四重奏，共同带来祁门红茶的精彩纷呈香气演绎！

极致工夫，是尚未出击的王牌

关于祁红，最后还是想聊聊"工夫"。

工夫红茶，现在市面上好像随处都可以看到，譬如"川红工夫""宜红工夫""滇红工夫"等高频亮相。但是，当你买回这些工夫拿回来一看，就会发现都是芽叶完整的红茶。和需要进行十多道工序精制而成的真正意义上的"工夫红茶"，完全不是一个概念。几乎，所有的红茶，都可以前面加一个"工夫"，然后就能有一个更高的身价。这是"工夫红茶"的工夫，花在了改名字上，名不副实。嘴上有"工夫"，身上无功夫！

但是当这些"工夫红茶"被越来越多的茶客接受后，真正的"工夫红茶"反而有被误解的可能。前文说过，传统的祁红工夫，需要初制后经过十几道精制工序，筛分出几十个号头，最后能分成十个级别。十个级别，分别是最高级礼茶，往下特茗、特级，然后一级到七级。

祁红工夫，在毛茶打袋后，经由不同目数的筛子，通过不同的手法，利用不同的物理力（重力、向心力等），筛分出不同粗细、轻重、长短的干茶。不同规格的干茶，对应茶叶的不同部位，越细小紧致的，则是越靠近芽头的部分，口感更好，级别自然更高。而在筛分的过程中，还把部分碎片末筛掉了，让干茶的净度更高，茶汤更加醇厚。

工夫红茶的制作，需要长时间的勤学苦练，不少人不愿意学。加上工夫红茶在外形上不占优势，冲泡上又需要更加精准地把控茶水比例、水温和出汤时间，市场"教育"的成本很高。而金骏眉的热度起来后，香气上更轻盈、口感清甜的整形红茶在市场上更好卖，许多人干脆放弃制作工夫了。

工夫红茶的工艺，其实诞生于福建。闽红三大工夫，曾经风靡一时。祁红工夫的工艺，在胡元龙创制祁红时，已经基本定型。收藏于中国祁红博物馆的胡元龙手稿，有一份写着"茶司做红茶筛路"的资料，就记载着祁红工夫的制法。一百多年来，大量出口的祁红，也都是工夫红茶。工夫更加醇厚的口感，深得欧美茶客的喜爱。

采摘

萎凋

匀堆

补火

祁門紅茶

祁門紅茶

拼配

手揀

撼盤

于是不少人提出异议：祁红工夫大量出口后，欧美人是调饮为主，需要茶汤有一定的浓厚度。面对国内茶客的清饮场景，还是整形红茶更加适合。那么，情况真的完全是这样么？

许多深爱祁红的茶友，反复多次地和我分享，红茶喝到最后

还是工夫红茶最值得回味。存放多年的祁红工夫，口感依旧充满惊喜：花香中带着药香和梅子香，口感醇和，没齿难忘。而这两年，当我去到福建，看到闽红三大工夫的近况后，更加坚定了一个看法：极致工夫，是祁红尚未出击的王牌！

祁门红茶传统工艺（祥源茶业供图）

祁红工夫国礼茶

　　　　　　　　　　　　30°N 浙江 安徽 湖北 四川

首先，放眼全国，都在追求单芽整形红茶后，真正会做"工夫红茶"的人越来越少。闽红三大工夫里，福鼎和政和由于近十年白茶市场火热，鲜有人做白琳工夫和政和工夫。而在福安坦洋，一直倒是坚持"坦洋工夫"，但是精制工序上完全没有祁红精细。其他红茶产区，更是毫无"工夫"的身影。

　　当大家都快忘记怎么做工夫的时候，环顾四周，发现祁红一直在以严格的工艺坚持，难道不是一道最亮的光么？再者，当市面上几乎都是整形红茶，喝起来花香尚可但是汤感特别薄的时候，重新发现"祁红工夫"，难道不是惊喜么？学习单芽的"金骏眉"式红茶制作相对容易，那么学"工夫"呢？

　　我相信在不久的将来，祁红工夫也会一泡难求，因为这张王牌尚未完全出击！永远祝福祁红，这款罗曼蒂克兮兮的茶！

　　最后，一定是特别的安排，我和祁红会是一生的缘分！

三十一·太平猴魁

我从山中来，带着兰花草

在秀美壮丽的黄山北海狮子峰上，有一个石猴独踞峰顶，仿佛极目远眺着云海，堪称黄山"奇石"和"云海"二绝景观结合的典范，这就是黄山风景区著名的"猴子观海"。而对于黄山本地人来说，它又一个更为亲切的称呼，叫"猴子望太平"。

在天气晴朗好云海散去的时候，通过狮子峰上这只石猴的眼睛，可以看到太平县。

除了黄山山上的这只石猴，太平县和猴子好像还有难以言说的奇妙缘分。这第二段缘分的主角，是一款充满"馥郁持久的兰花香"的好茶——"太平猴魁"。

猴魁，是猴子摘的么

太平猴魁名字的由来，据说就和猴子有关。许多流传的故事里，猴坑村高山上的猴魁鲜叶只有猴子才能摘得到！

等等，故事听到这里，你可能会有一种似曾相识的感觉，"猴子摘茶叶"的传说好像在别的地方也听过，还不止一个。没错，武夷山的母树大红袍，也流传过相同的故事。许多名茶，借由猴子采茶来讲故事，无非是想强调这款茶产茶环境的独特，说明采摘不易。再者，即便大多数茶友不会相信猴子采茶的真实性，但是当个"乐子"听听也无妨。

关于太平猴魁名字的由来，相对准确的说法是：在光绪年间创制的猴魁是绿茶里尖茶的一种，因为品质突出，成为尖茶的魁首，首创人又名叫魁成，核心产地又在太平县新明乡猴坑、猴岗一带，故称"太平猴魁"。

扁平挺直的太平猴魁

　　当然，作为太平猴魁核心产区的猴坑、猴岗两地，山势险峻森林茂密，有猴子生活其间，自是寻常之事。所以两地地名，均带"猴"字，就不足为怪了。猴坑村里，一座身姿矫健的猴子雕像就立于村中心，仿佛在向所有寻茶而来的人，再次叙说"猴子采茶"的动人故事。

　　无论关于猴子的故事如何讲，任何一款好茶，都是一个个真实的采茶人、制茶人和品茶人共同成就的结果。

太平猴魁核心产区猴坑村

猴魁，不争春却春意浓

太平猴魁，大概是中国绿茶里最为从容的一款茶。

对于大多数茶友来说，对于春天的期待，都融进了一杯清芬的春茶里。而这款春茶，大概率会是绿茶。因此，从二月底开始，所有茶人就紧盯不同茶区新茶开采上市的动态，一款接着一款，将好茶收入茶仓，像是封锁了一个又一个不同的春光。

故而，不同产区的绿茶之间竞争也异常激烈。从发芽早的西南茶区开始，蒙顶甘露、竹叶青等川茶，带着蒙顶山和峨眉山的早春气息，抢鲜而来；接着浙江温州的乌牛早和苏州西山的碧螺春，紧随川茶登场。

转眼，三月中下旬了，西湖龙井、黄山毛峰、恩施玉露等

猴魁茶王树开园鲜叶

名茶，也相继开始采制，以飨茶友。到了清明左右，中国大部分绿茶，都已经上市。对于大部分茶友来说，或多或少都已经喝过新茶了。

而清明左右的太平猴魁，仍然还在茶树上静静地生长着。

面对全国其他绿茶热火朝天上市的消息，丝毫没有"着急"的意思，从容无比。

清明过完，再慢吞吞等上十多天时间，到了谷雨前后，第一波太平猴魁才开始采摘。作为中国绿茶压轴茶王的它，终于来了！

太平猴魁从容的底气在于：当你喝遍了今春大江南北所产的各色绿茶后，你仍然愿意为它留一份念想。当你最终喝到一杯正宗的猴魁后，一定会为它持久馥郁的兰花香所征服，然后默默告诉自己，所有的等待都是值得的。

到这里，我想到了白居易那首《大林寺桃花》："人间四月芳菲尽，山寺桃花始盛开。长恨春归无觅处，不知转入此中来。"春到四月快要结束时，山寺旁边的桃花才刚刚盛开。这不就是"太平猴魁"么？春归无觅处，猴坑山中来。

踩着春天的尾巴，不慌不忙地出现在茶客杯中的太平猴魁，不争春，却春意最浓。

这才是真正的王者风范！

猴魁，重塑绿茶的认知

从 1900 年创制至 2020 年，太平猴魁刚好走过两个甲子。因为产地有限，民国时期年产量最高才 500 公斤。新中国成立后，产量不断扩大，但是核心产区的极品猴魁仍然少之又少。

即便到了今天，仍有许多茶友对于猴魁没有清晰的概念。许多人认知猴魁的经历，也是对中国绿茶边界重新认知的过程。

一只透明的玻璃杯里，放进一泡全是嫩绿芽头的春茶，注水后，杯中茶芽上下浮动，像一段充满律动的集体舞蹈，杯外阵阵茶香。这是大多数中国人对于一杯好的绿茶的既定印象。

带着这样的印象，端详一杯竹叶青、碧螺春、开化龙顶等

充满个性的太平猴魁

单芽采制为主的绿茶时，会立刻认同：这是一杯好茶！到了一芽一叶、二叶为主的龙井，解释完采制标准的差异后，也会毫不费力的赞同，好茶！

到了"扁平挺直、两叶抱一芽"的太平猴魁时，不少人心里默默犯了难：采这么老这么大的叶子，也能叫好茶？还卖这么贵？当我不懂茶？

太平猴魁"龙飞凤舞"霸气的外形，是许多人重构绿茶认知的第一关。

所有的茶，都是要喝的，"香气和口感"才是最终的衡量标准。当你真正喝完一杯正宗的猴魁，感受到它"馥郁持久的兰香和鲜爽甜醇的口感"后，重新回看它霸气的外形时，会突然有一种"相见恨晚"的喜悦，从此念念不忘！

太平猴魁在香气呈现上，"高爽的兰香"是许多人印象尤为深刻的。虽然许多名优绿茶，都或多或少有兰花香，但是像猴魁这么丰富明显的，还是十分少有。

因此，好的猴魁有"猴韵"，藏芽、香高、成熟、脉红、含情，为"猴韵"的主要内涵。"韵"是好茶描述里，特别高级的一种境界。岩茶的"岩韵"，铁观音的"音韵"，都备受茶友追捧。

没错，在春光将尽的时候，喝一口猴魁，是对这个春天最好的回味。

今天，我喝上了，你呢？要不要整一杯？

最后，说点题外话：太平猴魁核心产区猴坑村，是许多茶友心中优质猴魁的"圣地"。猴坑，几乎成了猴魁的代名词。当然，一杯猴坑所产的猴魁，价格也是不菲。此种情景，有点像武夷岩茶的"牛栏坑"，寻得"一杯牛肉"，是所有岩茶党的梦想。

这两年，不少茶友把猴坑所产的猴魁，称为"坑货"，强调其产地正宗。虽然大部分茶友，不会对这个称呼有什么意见。但是"坑货"总还是听着别扭，特别是，许多人并不能买到正宗的猴坑猴魁，假以"坑货"之名卖出或买到并非猴坑所产的猴魁，都不是一件令人愉悦的事情。所以，为了太平猴魁更好地被全国茶友认知，还是希望更正"坑货"的说法。

祖籍徽州的胡适先生，写过一首关于兰花的小诗，广为流传。开头两句"我从山中来，带着兰花草"，我以为用来形容充满兰花香的猴魁再为合适不过。

三. 门祁门安茶

老六安的小确幸

安徽省祁门县，中国红茶之乡，是鼎鼎大名的祁门红茶核心产地，一直以"祁门香"的神秘姿态为广大茶友所喜爱。其实，在祁门比"祁门香"更深的秘密，仍然潜藏在祁门之南，一个叫"芦溪"的地方，还出产一款精致的竹篓黑茶，名曰"安茶"。

祁门茶丰度的答案，将在这里被补充完整。

祁门县地形呈北高南低之势，像是"土地神"站在有着 1700 多米海拔的牯牛降，深吸了一口气，然后像南缓缓吐出，河流和山形就顺势越来越平缓。

从祁门县城出发，沿着阊江河水的走向，往南去往芦溪，有两条路可供选择。一条路经过"祁红"乡，一条路过"平里"镇。"祁红"乡，以祁红命名，其所出产的祁红品质自不必说，一直是南路祁红代表性的产区；而"平里"，则是国民政府时期"祁门茶业改良场"的所在地，当代茶圣吴觉农曾在此筹建祁门茶业改良场，该改良场后被誉为中国茶叶的"黄埔军校"。

无论选择哪条路，去往芦溪都必须穿过有着厚重祁红氛围的区域，才得以抵达。每次来看安茶，我都忍不住想起司汤达的那本世界名著《红与黑》，碰撞又交融，精彩纷呈。

祁门南部阊江旁的茶园

辗转重生的软枝茶，早于祁红扬名海外

祁门茶的"红与黑"，在祁红和安茶之间，存在着共同的母本——槠叶种。槠叶种，为祁门红茶的当家品种，适制红绿茶，尤其适合制作红茶。祁红的玫瑰花香，就来自于槠叶种内丰富的醇类物质。

而在芦溪，同样的槠叶种，采用完全不同的工艺后所制成的安茶，又给我们带来了完全不同的口感。而安茶这份独特的口感，却要远远早于祁红存在于美丽的阊江之畔。

安茶，据陈宗懋主编的《中国茶经》里记载，诞生于明末清初，最早叫"软枝茶"，因其加工过程中，揉捻后枝叶变软而得名。后来，这种"软枝茶"被大量销往广东及东南亚地区，因其能够帮助临海的居民去除体内湿气，被当地人认为能够安抚五脏六腑，故名之"安茶"。

祁门安茶

而安茶的故事，并非一帆风顺。

抗战爆发后，日本占领了鄱阳湖，安茶的外运通道被封死，主要用于外销的安茶生产就受到严重影响。据芦溪乡老一辈人回忆，大概是 1938 年前后，最后一艘载满安茶的船，从芦溪出发沿阊江行至鄱阳湖后，被日军扣押，人船俱有去无回。

自此，安茶于战火中湮灭。这个暂停，一晃眼就持续了半个世纪之久。

到了 1984 年，新加坡华侨茶叶发展基金会的关奋发先生，给安徽省茶叶公司寄来一篓大致生产于 20 世纪 30 年代的安茶，询问现在安徽是否还在生产这种用竹篓箬叶装的茶。原在芦溪乡文化站工作的汪镇响等人，遍访当年制作安茶的老茶人，几经实验，终于将安茶制作工艺恢复成功。

辗转中重生的安茶，是否就完全复原了当年软枝茶的工艺，我们不敢论断。只有不间断地应用，才是对任何传统技艺的最好传承。

无论如何，我们还是在重生的安茶中，看到了它的不同，也透过它的历史，看到了它的不易。

谷雨制白露成，时光本身就是风味

不同于现在越采越早的祁红，同样以槠叶种为原料的安茶，还坚持要到谷雨前后才开始真正的制作。安茶的最佳采制时间，一般从谷雨起立夏止，约莫只有半月光景。

一芽二叶、一芽三叶为主的槠叶种鲜叶被采摘后，经过摊青、杀青、揉捻、干燥后，就制成了毛茶。粗粗看到这里，很多人可能会迷惑，这些不都是绿茶的工艺么，怎么安茶就成了黑茶？如果直接冲泡刚做好的安茶毛茶，也确实有点像炒青。但是，经过秋天的精制和储藏后，安茶被定义于黑茶的魅力就会显现出来。

这些在春天做好的毛茶，被储存起来，历经一个苦夏，等秋风渐起、白露渐浓的时候，才会开始它最有特色的工序——"承露"。

皖南山区，入秋后的夜里，露水充沛，将补过火的茶叶，摊放在竹席上，置于室外，让茶叶吸收露水。通过茶叶对露水的吐纳，能够达到降低安茶苦涩感的作用，使得茶汤口感更加甘醇，并且更加有利于安茶后期的存储和转化。经过承露的安茶，才能被蒸压到垫着箬叶的竹篓里，最后再用炭火焙干，新一年的安茶才最终制成。

安茶的加工过程，用"春种秋收"来描述，最为恰如其分。其实，苦夏的静置也是安茶加工的一部分，最后做好的安茶的存储也是。在整个过程中，四季的变化，都被充满智慧地利用起来，时间本身，既是过程的见证者，也是工艺的一部分。

从前，新制好的安茶，一般要先存放个三年，才会拿出来销售。经过三年的陈化，安茶的苦涩感会大大降低，清香甘甜的口感非常适宜饮用。越往后，安茶的口感还会持续转化。老六安，在广东和东南亚地区特别受推崇。

我曾经喝过一泡台湾茶人带来的八十年左右的老六安，干茶乌黑紧结，汤色红褐油亮，药香十分明显，十余泡下来，后背一直在出汗，倍觉身体轻盈，记忆犹新。在喝到这款 80 年茶龄的老六安时，我忽然明白一件事情，时间不但是安茶的见证者，还是赠与者，最后，时光本身就成了它的风味。

我想，这就是安茶的魅力，也是时光的魅力。

箬叶手工编成网兜

祁门安茶非遗传承人汪珂在进行夜露制作

黑茶界的小清新，老六安的小确幸

　　芦溪自古属于徽州，所产的安茶，也属于徽茶。俗话说，一方山水养育一方人，这句话用来描述一个地区的茶叶和地区环境的关系也是适用的。 得益于徽州秀美的山水环境，无论黄山毛峰、太平猴魁还是祁门红茶都呈现出一种特有的"温柔内敛"的品质特征。

　　安茶，也不例外。 制好的安茶，多用手工编制的内垫箬叶的小竹篓装存，一般为半斤一篓或一斤一篓。 安茶，在黑茶里，算是半紧压茶。 蒸压的目的，是为了储存和运输，几乎所有的黑茶都有类似的工序。

　　相比较其他黑茶，如安化的千两茶、湖北的青砖茶或是雅安的藏茶，一个个精制的小竹篓，使得它看起来格外秀气，俨然成为黑茶类小清新的存在。

等候烘干的安茶

安茶正准备蒸压入篓

目前，这款小清新的黑茶，还没有大范围地被广大茶友了解，仍然有一种"养在深闺人未识"的感觉。许多喜爱安茶的茶友，纷纷为它感到遗憾。而我，每次想起安茶的时候，都藏着一点私心，我希望它未来能被越来越多的茶友认识并喜爱，又同时不希望它像其他已经大热的黑茶一样，火遍大江南北。名气能成就一件事，同时，也能毁掉它。

岁月穿梭，我们还能在安茶经历了五十年的沉寂后再度看到它喝到它，已经是我们最大的幸福，也是老六安最美好的小确幸。

在茶里，美好的故事，都是遇见；而更加动人的故事，是久别重逢。

"安茶，你好，很高兴再次见到你。"

[180.T]休宁松萝

徽茶越千岁，松萝六百年

2019.10.

翻开中国茶的地图，四大茶区都是名品荟萃，各显特色。而其中的江南茶区，因其温润的气候和深厚的人文积累，成为中国历史名茶最为集中的茶区。故而，明代著名茶人，钱塘人许次纾在其用毕生心血写就的《茶疏》里，正文开篇即写道"天下名山，必产灵草，江南地暖，故独宜茶"。

而在"白云逐青山，碧水绕村郭"的江南，还有一个地方，名茶集中，品质卓越，是中国茶无论如何绕不开的所在，就是徽州。

徽州，地处皖南，黄山山脉绵延150多公里，天赋的大好山水，自然醇美好茶。徽州茶区又和浙西和赣北一道，形成中国"绿茶金三角"，名茶十余种，光耀夺目。现在我们熟悉的黄山毛峰、太平猴魁和祁门红茶只是徽茶组成的一部分。

徽州产茶的历史可以追溯到秦汉，在中国茶史的第一次扬名是在唐代。唐代乡贡进士王敷的《茶酒论》里有"浮梁歙州，万国来求"的记载，足已力证徽茶在唐朝的影响力。

但是，在同样写于唐朝的陆羽《茶经》的"八之出"里，徽州（唐称歙州），被归到浙西产区（陆羽把唐朝中国茶分为八大产区），其品质排序为"湖州上，常州次，歙州下"。显然，在茶圣陆羽看来，歙州茶的品质没有湖州那么好。

那么，问题来了，陆羽的说法和王敷的记载是否矛盾？

其实，并不矛盾。唐朝时，朝廷把贡茶院设在了湖州，湖州茶的地位自然不用言说，所以茶圣陆羽的排序有其道理。而据白居易的《琵琶行》（"商人重利轻别离，前月浮梁买茶去"）和《元和郡县图志》里（浮梁每岁出茶七百万驮，税十五万贯）等记载，结合王敷的《茶酒论》，我们不难看出，歙州浮梁片区在唐朝的茶产量和贸易量是巨大的。

徽州茶，从有量到有名的巨大改变，得益于松萝茶的出现！

故而到了明末，冯时可写《茶录》时，就记录了这一变化——"徽郡向无茶，近出松萝茶，最为时尚"。冯时可所说的徽郡向无茶，是指没有影响力的名茶。

松萝茶，诞生于明朝中期，到了明末，成了最为时尚的名茶，徽茶也随之开始了它第二个高光时刻。

松萝山茶园风光

30°N 浙江 安徽 湖北 四川

大方和尚和两款名茶

连同顶谷大方一起，松萝茶的故事，要从明代中期一位叫"丘比大方"的和尚说起。

自古名山出好茶，而名山多名寺，名寺多名僧。在中国茶的历史上，许多名茶的故事都与高僧有关。如杭州的径山寺，所出产的径山茶及其演化的"径山茶宴"，在南宋时被南浦昭明传到了日本，后来慢慢演化为日本的"茶道"。武夷山的永乐天心禅寺，也与大红袍有着不可分割的联系。

而这位推动中国绿茶工艺变革的大方和尚，生卒年份不详，相传是一位云游和尚，初在苏州修行，后入歙。据《歙县志》记载："旧志载明隆庆间，僧大方住休之松萝山，制法精妙，郡邑师其法，因称茶曰松萝。"

炒青鼻祖松萝茶

明代名士李维桢在《大方象赞》里。更进一步描写大方和尚的风姿："今新安松萝茶出自大方，名冠天下，而大方亦服隐士巾服，鬓发美须，翩翩仙举矣。"在李维桢眼中，大方和尚不但擅长制茶，而且俨然一副仙人扮相。

明代的许多文献都把松萝茶的创制人指向大方和尚，创制时间大概是隆庆年间，距今已经将近六百年历史。更让人啧啧称奇的事情是，另一款同样产于徽州的历史名茶"顶谷大方"，创制人也是大方和尚。

顶谷大方，产于歙县县南的老竹岭，又名"老竹大方"。安徽农业大学詹罗九教授考证后说，顶谷大方是扁平炒青的鼻祖。李大椿在《西湖龙井茶》里也认为，龙井茶扁平炒青的制法，是从大方茶的基础上发展而来的。

一个在歙县，一个在休宁，同属徽州，两地相距不过几十里。同一个"大方和尚"，创制了两款名茶，分别代表两种典型的炒青工艺，一个是扁平炒青的大方茶，一个是圆炒青的松萝。大方和尚对于中国绿茶发展的贡献，是再多的称赞都不过分的。

那么，为什么炒青工艺的松萝茶会在明朝大放异彩？

张岱梦忆松萝光芒

这个问题的答案,我在读张岱的《陶庵梦忆》时找到了。

张岱是明末绍兴人士,号陶庵,晚年将自己早年悠游四处的所见所闻写成小品文辑成《陶庵梦忆》,文风隽永,篇篇经典。张岱同时也是品茗高手,多篇文章里提到茶,如《闵老子茶》和《兰雪茶》等。

在《兰雪茶》里,张岱记录了家乡绍兴也出产的一款茶,名叫"日铸雪芽"。但是日铸茶品质一般,于是张岱等人"遂募歙人入日铸,扚法、掐法、挪法、撒法、扇法、炒法、焙法、藏法,一如松萝"。张岱等人用松萝茶制法改良的日铸茶,命名为兰雪茶,一时风光无二。

从这段张岱的小品文里,我意识到,松萝茶在隆庆年间创制后，不但对外输出茶，同时还在输出工艺！

松萝茶的工艺不但在江浙等地传播，还传到了武夷山和湖广等地。清顺治年间，崇安（武夷山旧称）县令殷应寅下令"招黄山僧，以松萝法制建茶，堪并驾"。

为什么松萝茶的工艺这么受欢迎呢？这件事情，还是要从陆羽的《茶经》说起。在"茶之造"里，陆羽记录的唐茶制作工艺为"晴，采之，蒸之，捣之，拍之，焙之，穿之，封之，茶之干矣"。

唐宋两朝，中国绿茶的工艺主要以"蒸青"为主，步骤复杂，工序繁多，多制成饼状茶。因为唐宋两朝都设置贡茶院，这样繁复的制茶工艺才得以不断传承。到了明朝，明太祖朱元璋一道圣旨"罢造龙团"后，蒸青工艺依然沿用，直到松萝茶炒青工艺的出现。

相较于蒸青，炒青工艺的优势在于：一来经过炒青的绿茶会更香，口感更醇和；二来制作工具只需一口铁锅和两个烘笼即可。简单说来，就是"更好喝"和"更好做"。

在这种双重优势下，松萝茶及松萝茶的炒青工艺被迅速传播。松萝茶是当之无愧的炒青鼻祖。而且，用铁锅杀青的炒

皖南徽州茶园风光

青手法，还间接影响了黄茶和乌龙茶的诞生。从这点上来看，松萝茶的意义恐怕要远远大于"炒青鼻祖"的头衔。

无论如何，是开始像松萝茶那样炒青后，让绍兴的日铸茶变得更好喝，才被张岱写进了《陶庵梦忆》。

哥德堡号永不下沉的辉煌

　　徽茶一直是徽州重要的输出产品，是徽商四大行当"盐、典、木、茶"的重要组成部分。品质优异的松萝茶诞生，就逐渐成为徽茶出口的主力产品。

　　康熙四十一年（1702 年），英国东印度公司为了加大对华茶叶的进口，特别在舟山设立贸易站，并对来华的英国商船颁布命令，整条商船必须装满中国茶才可以返航，并且其中采购比例为松萝茶三分之二，珠茶六分之一，武夷茶七分之一。

　　从这个比例，我们不难看出，康熙年间，松萝茶出口的比重。

　　到了乾隆二十四年（1759 年），乾隆皇帝还特别为"出口松萝茶涨价"的奏折，用朱批回复"知道了"。奏折请示的内容为"松萝茶每百斤原估价七两，酌改每百斤估价十二两"，估价涨幅达到了 70%。松萝茶贸易为清政府带来的巨大财政收益，由此可见一斑。

同样因为松萝茶等中国茶的贸易，17 世纪到 19 世纪，先是荷兰瑞典，后是英国等国大量建造快船来到中国，大量采购中国茶卖到欧洲，获利颇丰。

从 1743 年开始，瑞典东印度公司开始用它有史以来建造最大的船只"哥德堡号"（排水量约为 833 吨），不断从斯德哥尔摩发往广州，采购中国茶和瓷器。1745 年，满载 700 吨中国商品（其中茶叶 370 吨，瓷器 100 吨）的哥德堡号再度从广州起航，不料却在离斯德哥尔摩不到 1 公里的地方触礁沉没。

1984 年，重新打捞出来的哥德堡号沉船里，还有当年的茶叶，多数为松萝茶！两百多年过去，沉船里的松萝茶居然还能饮用，成为一段传奇。

后来，哥德堡号成了中瑞两国"海上丝绸之路"的标志，松萝茶也成为见证者。

1606 年，荷兰东印度公司从厦门登陆购买中国茶开始，大量被称作"绿色黄金"的中国茶通过海上运输传到了欧洲，影响了世界经济结构的变化，改变了许多人的生活方式。

这是中国茶曾经最为辉煌的三百年，也是满载松萝茶的哥德堡号永远也不会下沉的辉煌时刻。

徽茶越千岁，松萝六百年

当我们手捧一杯徽茶，慢看山前景色时，我们不禁想起，这杯茶里包含的千年的历史。在这越千年的悠悠岁月里，松萝茶的茶香飘了近六百年。

在这近六百年里，松萝茶对徽茶甚至对中国茶的贡献是全方位的。总结起来为以下三点：

第一，松萝茶的成功，让徽茶在明代完成了从"有量"到"有名"的变革。

第二，松萝茶的工艺让中国绿茶加工进入崭新的阶段，直接或间接影响了六大茶类的相继诞生。

第三，松萝茶在清朝的巨大贸易，对内，让徽州一直是茶叶种植和生产的活跃产区；对外，让徽茶在世界舞台上一直保有重要地位。

徽茶的活跃，是徽茶不断有竞争力的有力保证。到了清末，徽茶出现了集体的创新，黄山毛峰、太平猴魁、祁门红茶相继诞生。没有活跃的历史产茶土壤，这些创新的成功是不可能的。

所以，徽茶越千岁，松萝六百年。

最后，用乾隆二十八年（1763年）郑板桥七十大寿喝完松萝写的一首诗作结尾：

七言诗

清·郑板桥

不风不雨正晴和，翠竹亭亭好节柯。

最爱晚凉佳客至，一壶新茗泡松萝。

几枝新叶萧萧竹，数笔横皴淡淡山。

正好清明连谷雨，一杯香茗坐其间。

人间最好的光景不过是：风和日丽的时候，佳朋满座，又有好茶喝，得以畅饮开怀！

38°F 顶谷大方

老竹岭的徽茶遗珍

2022·5

如同有许多往事，多时不被人谈起，就彻底被淹没在时间的洪流里。有些历史的风味，也因我们的健忘，几乎要消失在崇山峻岭里。

顶谷大方，就是老竹岭上的徽茶遗珍。只消稍微读一点徽州茶史，顶谷大方的名字，一定会深深地烙印在记忆里。

可是，只有文字的记忆，完全无法还原它本来的面貌。心念已久，立春后四日，我驱车北上，前往老竹岭。

徽杭之间的老竹岭

　　老竹岭位于歙县竹铺乡，地处徽杭之间，皖浙两省交界处。竹铺古称"竹浦"，四面青山环绕，翠竹连荫，又有昌源河、竹源河在此交汇，所以为"竹浦"。后来，徽杭古道穿浦而过，渐渐因商贸需要而店铺林立，就改为"竹铺"。

　　地势较高的山脊，徽州人都叫"岭"。徽州民间又有在许多古村古镇名称前冠一个"老"字，意语历史悠久，"老竹岭"的名字由此而来。老竹岭山脚下，有一古村，居然就叫"岭脚村"，以"鲍"姓和"潘"姓为主。作为顶谷大方的原产地，技艺的传承是顽固的，村里历代村民家家户户都会制作大方茶。

　　歙县多高山，白际山脉和天目山脉交汇于竹铺乡。沿着蜿蜒的蛇形小路，开进岭脚村，鳞次栉比的徽派建筑秩序井然

老竹岭的大方和尚制茶纪念石碑

地建在岭脚。走进村里，不由得感叹：徽州古人要在这样的大山里生存下来，并且世代繁衍生息，没有刻在骨子里的勤劳是做不到的。

徽州人的茶几乎都种在陡峭的山上，稍微平坦的土地就会被用来种植粮食和蔬菜。最为高效的利用土地，是"靠山吃山"的徽州人共同的约定。从岭脚村，往山上走，举目四望，视线所及的山上都几乎种上了茶。几百年来，这些茶被制成"顶谷大方"，向我们传递着来自老竹岭的风韵。

沿着"徽杭古道"的石板路，行至山顶，村民新修的城楼样关口，立在岭头，颇为壮观。翻过老竹岭，绵延的群山就属于浙江了。

关口下方，有一小石碑，明显新立，上刻"大方和尚制茶处"七字。

那么，大方和尚是谁？

炒茶能手之僧大方

大方和尚在徽州制茶的故事传说，经年累月不绝于耳。可是遍查史料，大方和尚生卒地不详，生平亦不详。

就是这样一个史籍中近乎"隐身"的和尚，却是明代中期有名的炒茶能手：同为松萝和大方两款名茶的创始人。大方和尚制得一手好茶，手法精妙。《歙县志》记载"郡邑师其法"，渐渐在徽州把他高超的制茶技术传播开来。

唐宋以来，众多历史名茶早期的推动者都是僧道和名士，其中尤以僧道善制茶。

曾于明万历年间做过徽州府推官的龙膺，在任时曾去拜访了大方和尚，观看和学习大方和尚炒茶。龙膺在其编撰的《蒙史》书写道："松萝茶出休宁松萝山，僧大方所创造。予理鄣日，始游松萝山，亲见方长老制茶法甚具，予手书茶僧卷赠之，归而传其法。"

关于大方和尚记载更多的是松萝茶，松萝山和老竹铺相距几十里，两个名茶的创始人又同为一人。那么，大方和尚如何分身兼顾？

圆炒青形态的松萝茶和煸炒青的大方茶，同为大方和尚所创，可能不是同时。或者还有另一种可能，大方和尚的制茶技术实在太好，周围的人都来学习技艺，于是传播开来。又或者，明代中后期的徽州名茶假借大方之名，以求身份显达。

马未都在聊到许多文物时，强调一个观点——"历史没有真相，只残存一个道理"。这句话套在这里，两款历史名茶共同说明：僧大方乃明代第一制茶高手。愈是无法详述的历史，愈是引人遐想：只凭一口锅，就炒得满室馨香的大方和尚有着怎样出神的手法。

产于徽杭之间顶谷大方，在明代中期就已经是名茶，畅销至清末。由王镇恒、王广智主编的《中国名茶志》里写道："龙井茶很可能是在明末清初产生的，距今约有三百至四百年历史，很可能龙井茶是在吸取大方炒制技术而发展起来的。"

一杯有古意的顶谷大方

徽州茶人每每聊到这里，脸上总有些骄傲。这份骄傲，
是僧大方给的。

山路尽头有徐家坞

路有尽头么？路的尽头又有什么？

徽州多山，号称九山半水半分田。歙县山势尤甚，可谓重峦叠嶂，有许多海拔 800 米以上的山峰名字都以"尖"命名，如搁船尖、杨树尖等。去岁初春，驱车前往蜈蚣岭，盘桓的山路忽上忽下，迷宫一般。到了村中，看见梯田一样的茶园，无不感慨徽州茶人的奋进精神。

即便是这样的山路，总还是阡陌相连。在寻访顶谷大方茶的路上，第一次遇见路的尽头。

顶谷大方茶，产自歙县老竹铺、三阳、金川、杞梓里等乡镇。西湖龙井有梅家坞，在三阳镇的西北方向，顶谷大方也有个徐家坞。

徐家坞茶园风光

　　徐家坞离三阳镇直线距离不到十公里，崎岖狭窄的蛇形山路却要开一个多小时。更让我啧啧称奇的是，居然是一段水泥路接一段土路。水泥路每次消失后，总感觉应该是路的尽头。而在连续转了几个大弯后，山脚下稍微平坦的地方，就簇居着几十户人家，屋舍俨然。

　　当我多次体验到"山重水尽疑无路，柳暗花明又一村"的时候，又认定这条路可以一直开下去。可是"青山似茧将人裹"，终于在翻过一座大山后，路到了尽头。

　　路的尽头，是徐家坞，亦是传统顶谷大方核心产区之一。

大芳姑娘做大方茶

　　徐家坞大概有 30 多户人家，四面背倚大山，生计全靠茶叶和山核桃等。近年来，许多人外出务工，留在村中的大部分会做手工的大方茶。顶谷大方目前市场热度不高，徐家坞像是要被人遗忘在大山里。

　　引我来到徐家坞的，是一个对大方茶情有独钟的"大芳"姑娘。徐家坞属于白石源英川村，本名洪芳的"大芳"姑娘，也是英川村人。洪芳大概三年前清明休假回家见到家里大方茶的产销凋零，卖不上价格。于是慢慢开始在村里走访大方茶历史，流转茶园，置办厂，开始制作大方茶。

　　洪芳说，大方茶是她小时候印象最深刻的茶："一季大方茶收入，能够支撑我家六口人的全年开支，其中包括我跟我哥全年的教育费用"。这是大方茶能给世居深山的茶人最好的回馈。

大方姑娘洪芳

　　带着这样的情愫，以及复兴大方茶的愿望，洪芳找到了自己与顶谷大方命中注定的联结点。这两年都有幸喝到"大芳姑娘"寄来的，徐家坞纯手工顶谷大方，外形扁平挺直，色泽墨绿乌润，带有清冽的花香，滋味鲜醇爽口。

　　只需喝上一口，顶谷大方这款几乎被遗忘的"徽茶遗珍"，就在嘴里无比鲜活的复现。

No.1 恩施玉露

[穿出历史的馨芬茶香]

··· 2019 · 11 ··

抵赖不掉，中国人还是热衷于喝名茶，尤其是历史名茶。故而，"中国十大名茶"的概念深入人心，大多数茶友极为买账。

1965年，恩施玉露入选"中国十大名茶"；1999年，在《解放日报》组织的评选中，"恩施玉露"再次榜上有名！后来，恩施玉露又被冠以"湖北省第一历史名茶"，真可谓来头不小，引得我不禁想去一探究竟。

恩施玉露的"蒸青工艺"，又像是故纸堆里失传已久的一道独门秘籍，使得我对它有着区别于其他绿茶完全不同的期待。

穿过崇山峻岭，我终于在暮色降临前，抵达恩施。

东湖茶叙　重回视野

　　即便是这样一款有着将近四百年历史的名茶，很多人对"恩施玉露"的印象，也还是仅仅停留在十大名茶的排行榜上，没有过多的了解。既然能常年在榜上，肯定有它的道理，只是缺乏一个让大家了解的机会。

　　事情的转机，发生在 2018 年 4 月。樱花盛开的季节，中印领导人第一次非正式会晤在武汉东湖举行。茶叙时，两国领导人共同品尝了两款湖北名茶：恩施玉露和利川红。

　　这次"东湖茶叙"，像一只穿云箭，把有丰厚积淀的恩施玉露，从历史中迅速拉伸出来，呈现在大众的视野里。

　　茶为国礼，依然是传播效力最好的故事！

纯手工的特级恩施玉露

　　说来也巧，在恩施职业学院，拜访恩施玉露国家级非物质文化遗产传承人杨胜伟老师的那天，中印领导人在金奈进行第二次非正式会晤。不少热心茶友纷纷好奇，这次他们在印度要喝什么茶？

　　毫不避讳，对于每一个做玉露的恩施茶人来说，"东湖茶叙"对玉露影响力的提升是他们喜闻乐见的。从去年开始，许多恩施茶人都借了一把东风，兴致勃勃地做茶卖茶。他们对恩施玉露的情感，发生了些许微妙的变化，谈论起玉露时，眉宇间多了几分自豪。

时年已经 82 岁的杨老，在介绍完"东湖茶叙"后，立马特别敬业地给我们安利了一个新的广告——恩施玉露将作为在武汉举行的第七届世界军人运动会的指定用茶之一。

传播意味着价值，这些大事活动都为恩施玉露在茶友心中站上更高的位置搭桥修路。当我们都在谈论某件事的时候，"谈论"本身往往比这件事还要重要。

当越多人谈论恩施玉露后，就会有越多人想来品尝它，感受它。故纸堆需要有人去翻，尘封的历史也需要被人揭开面纱。

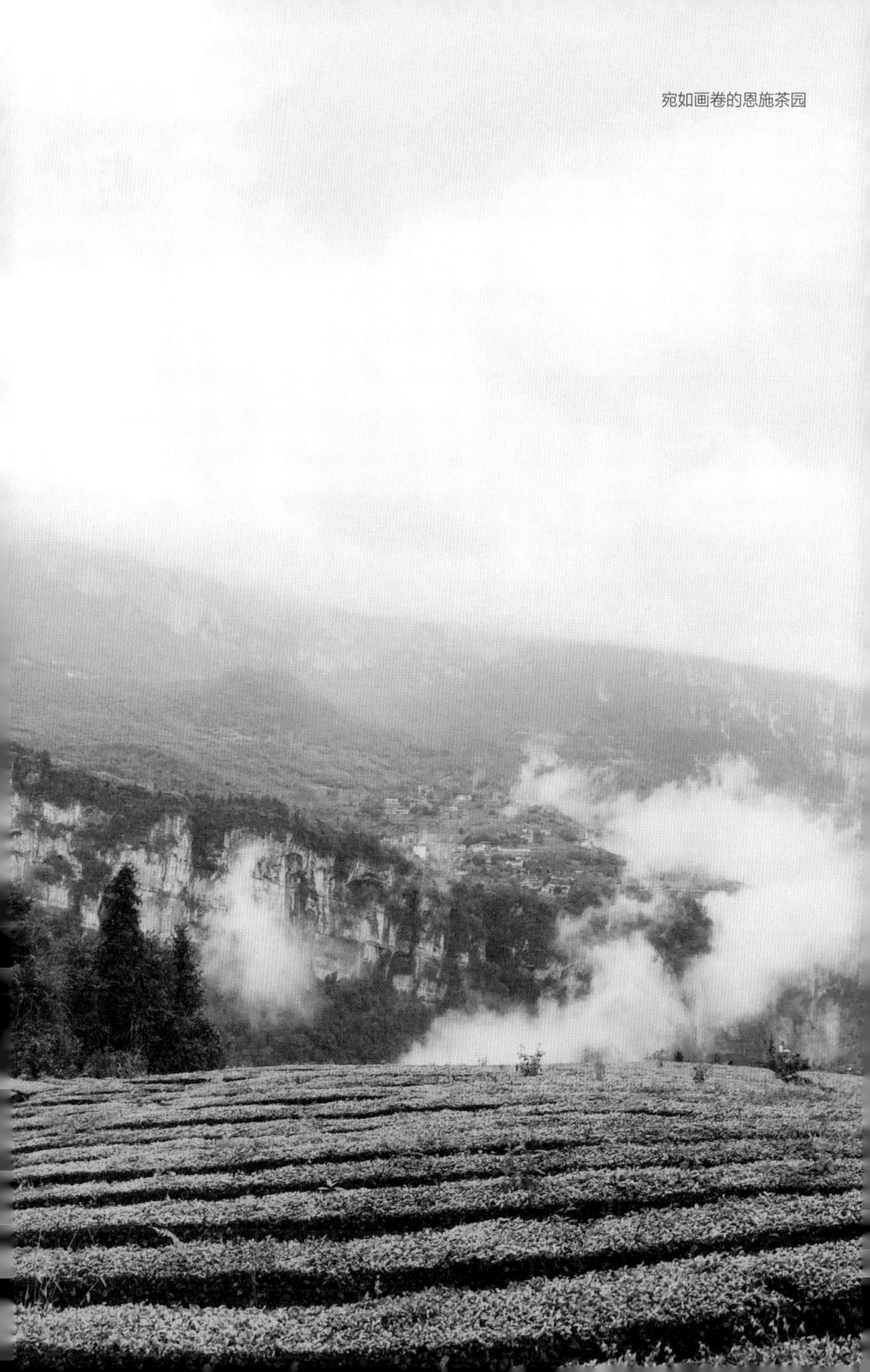

宛如画卷的恩施茶园

蒸青溯源　唐茶遗风

　　说回玉露，作为目前国内唯一保留"蒸汽杀青"工艺的名茶，可谓颇具唐风。日本的煎茶，也是蒸青工艺传到日本后沿袭至今的结果。中日邦交正常化后，恩施玉露也随之大量远销日本，颇受欢迎。

　　蒸青，曾经是唐宋两朝中国绿茶最主要的杀青方式。在陆羽《茶经》里就明确写道："晴，采之，蒸之，捣之……"到了明朝中期，以"松萝茶"为代表的炒青工艺的快速传播，蒸青工艺就逐步退出了历史。

　　其实，不仅仅是茶叶，中国人处理其他食物的方式，最开始也都是蒸煮为主。工艺受限于炊具的发展，冶铁业的高度成熟才能让"炒制"有诞生的土壤。中国在魏晋南北朝之前，是没有炒菜的。炒菜的出现，是北宋以后的事情。同样，唐

蒸青结束后要立刻扇凉

宋时期，中国绿茶以蒸青为主，也就不足为怪。

虽然恩施玉露依然保留了蒸青工艺，相较于唐朝时的蒸青制法，除了"蒸"的工序一样，其余都不一样。唐朝时，茶叶蒸汽杀青后，要捣烂，拍成小饼，然后烤干。做成的茶是蒸青饼茶，等到要喝的时候又要碾成茶末，然后煎之。

现代的恩施玉露在蒸青后，还要在类似于平底锅的铁板上，炒头毛火、揉捻和炒二毛火，接着完成整形上光等工序才算完工。做好的恩施玉露，紧圆挺直，色泽翠绿，形如松针。显然，这是明太祖朱元璋罢造龙团后，散茶广为流行之后逐渐演化得来的工艺。

故而，恩施玉露虽然沿用唐朝的"蒸青"工艺，但却是诞生成熟于康熙年间。

大多数绿茶在加工过程中，茶叶含水量是逐渐降低的。而"蒸青"的恩施玉露，在蒸制后，含水量却在上升，在随后的工序中，水分才逐渐降下来。

在杨老的指导下，我亲手体验了恩施玉露的"蒸青"工艺。有两点感受特别深刻：第一，"蒸青"时间比想象中的短。根据原料老嫩程度的不同，蒸制的过程从 45 秒~60 秒不等，基本上不超过一分钟。第二，在这短短的一分钟内，通过蒸汽杀青的鲜叶，青草气几乎闻不到了，略带一点蒸菜的气味。而制成最后的干茶后，这种蒸菜的气味又将消失，鲜活的绿茶气息再现杯中。

完整工序做好的恩施玉露，叶底嫩绿，口感清爽，与"蒸青"工艺的精准掌握密不可分。因其如此，蒸青成就了玉露独特的风味，让我们得以从一杯充满馨芬的玉露茶汤里，瞥见唐茶的风韵！

名优绿茶的美好时光

中国人和绿茶的关系，最为日常，又最不寻常。南方诸省，每个茶区，都有品质上佳的绿茶出产。对于中国人而言，每当春季来临，鲜嫩的茶芽长出来后，马上把它们采下来做成绿茶，是最为直接的反应。

在陈宗懋主编的《中国茶经》里，绿茶类辑录了 153 款，而红茶三大类加起来总共才辑录了 12 款。这么多款绿茶，对于普通茶友而言，很难区分差别。在这种情况下，名优绿茶才得以获得更多的目光瞩目。

也许，部分不知名的绿茶的口感一点也不比名优绿茶差，甚至更好，但是在茶友心理，依然无法同日而语。因为大多数名优绿茶，除了优异的品质特征外，还有丰厚的历史积累。所有经年累月的，都是文化。故而，我们在三月底喝完一杯上好的新制龙井后，我们感受的是整个西湖的春天和千年"宋城"杭州的风情。

到最后，我们喝的到底是风味还是历史？我想，这是历史和风味的交融。我们相信，名优绿茶，尤其是历史名优绿茶，依然会有大把的美好时光。

恩施玉露，也是如此！

103°F 蒙顶黄芽

老川茶的温润时光

2021·4

二月底，春节刚过，以竹叶青为代表的四川早春绿茶就浩然"出蜀"，用在杯中亭亭玉立的姿态，开启大部分茶人对于春天的期待。

四川的春天来得早，四川的茶也早，更加让人不能忘怀的事实是：川茶在中国茶历史上扬名也早。

在顾炎武的《日知录》里，有这么一段记载"自秦人取蜀后，始有茗饮之事"，说明地处西南地区的蜀人在"巴蜀之战（公元前316年）"以前就早已饮茶成风，从而教会了秦人饮茶。王褒在《僮约》里写到"脍鱼炰鳖，烹茶尽具；牵犬贩鹅，武阳买茶"，也充分反映了巴蜀地区饮茶风俗之早。

扬子江心水，蒙山顶上茶。在蒙顶山，吴理真种茶的故事人尽皆知。吴理真也成为历史上被记录的第一个种茶人。

稍稍回顾一下茶史，就会立刻意识到：川茶，是万万不可忽略的所在！

蒙顶：山色涳濛，茶香氤氲

从成都出发，往雅安方向走，高速两旁随处可见连片的茶园，在移动的风景中仍然赏心悦目。到了名山，著名的万亩茶海，更是让人赞叹不已。

山下颇为壮观的茶园，更加映衬出蒙顶山上茶的好。

从名山区进山，蜿蜒的盘山路两旁，全是各色"茶坊""茶家乐"。每家临路的店面，都在卖蒙顶茶，匆匆瞥几眼，几乎各家卖的茶都差不多，无非"蒙顶黄芽""蒙顶甘露""蒙顶石花""花毛峰""碧潭飘雪"等四川茶。差别在于，各家制法工艺和品质不尽相同。

上蒙顶山，茶园随处可见。整个三月，每天每片茶园里都有忙碌的采茶人。蒙顶山多雨，尤其春天，不时一阵甘露

三月蒙顶山头顶雨伞采茶的茶农

从天而降，所以山上经常水汽迷漫，溟濛一片。

不少蒙顶山的采茶工，干脆把雨伞改造成帽子，戴在头上。晴可遮阳，雨可挡水，一举两得。纵然阴晴不定，山上的好茶，还是万万不能丢下的。

随便一家茶坊停下，不消自我介绍，坐下来自然会有一杯好茶喝。招待客人的，一般是茶坊的女主人。茶室旁边，几乎都有一间制茶坊。正逢茶季，男主人都在制茶坊里忙得不亦乐乎，有在做黄芽的，有在做甘露的。原料稍大一点的茶青，就被做成花毛峰。

三月上蒙顶，一路走走停停，总有一种感觉：山上的每个人几乎都在为茶忘我地忙碌。买卖是否做成，都没有把茶叶先采完做好更重要。

想起来，从吴理真种下茶树的那刻起，蒙顶山就开始被茶香氤氲着。茶和蒙顶山，彼此密不可分！

黄芽：重新拾起的岁月之味

历史总是由偶然"失误"创造的，亦如四百多年前桐木关有打仗的军队经过，制茶人看呆了眼，而忘了家中还有茶未做，摊放过头后又不忍丢弃，松烟熏之，而制成了小种，从而开启红茶的新篇章。

黄茶，亦是如此！

关于黄茶制作比较经典的记载，来自明代许次纾的《茶疏》："顾彼山中不善制法，就于食铛火薪焙炒，未及出釜，业已焦枯，讵堪用哉，兼以竹造巨笱乘热便贮，虽有绿枝紫笋，辄就萎黄。"

原来黄茶诞生的故事，也是一桩"学艺不精"的失误。在许次纾的记载中，"乘热便贮"便大概相当于今天的"焖黄"

蒙顶黄芽开始焖黄

工艺，只是炒制时，不会到"焦枯"的程度。

　　来蒙顶前，我几乎没怎么喝过黄茶。去年五月，专程去了一趟六安，看瓜片的同时顺便到霍山看了黄芽。匆匆喝过几款，发酵整体偏轻，总觉得还是绿茶味道。后来友人寄来一泡霍山大华坪的手工黄芽后，才第一次喝出黄茶那种甜醇的口感中带着独有的谷物香，没齿难忘。

　　如果说历史上的黄茶，是被动偶然制得，到了蒙顶后，我相信对于蒙顶的茶人来说，做黄茶却是一种主动选择。由于土壤气候原因，四川的茶叶里脂型儿茶素含量较高，制成绿茶后整体上偏苦一点。而经过焖黄后的黄茶，苦涩味物质转化了，口感甜醇，又不会那么寒凉，自然是更好的选择。

只是为了这种选择而付出的精力，要耗烦很多。

上好的蒙顶黄芽，必须选用蒙顶山上的原料。山下大面积连片茶园的原料，纵然外形更好，但是内质不足。经过传统柴火灶"断生"（蒙顶话，意为杀青），要趁热用透气的棉纸包好，让它慢慢黄化。好的黄芽，要多次开包复炒复包，历时一个礼拜左右，再文火干燥。

传统手工制成的蒙顶黄芽，干茶闻起来谷物香里还带有馥郁的花香，口感甜醇温润，即便是用玻璃杯焖泡也不苦不涩，回味悠长。

这种被重新拾起的岁月之味，即便在蒙顶山，最传统手工采制的黄芽也并不多见。在这个一切以"快"制胜的时代，蒙顶黄芽"慢"成了一种奢侈。

黄学云的制茶坊：更古如斯

和黄老爷子约好了见面，即便是在做茶最为繁忙的三月，他依然会走到路边迎我。一见面，便笑意盈盈地用爽朗的雅安话打招呼，随即招呼往山岭下方的茶坊走去。

黄老爷子不会说普通话，一口雅安方言，虽说和四川话相差无几，但是听着总觉得雅安话音调要低一些，更加亲切。就是这声招呼，让人觉得和黄老爷子认识很久了。

在蒙顶山，黄老爷子几乎和"蒙顶黄芽"密不可分。连同黄芽一同被大家广为流传的故事，还包括："黄老爷子几十年坚持手工制茶"、"黄老爷子给成龙敬茶"和"黄老爷子的三口生铁柴火锅"。

走进黄老爷子的制茶坊，只见下午刚采下的鲜叶被悉心用

坚持柴火灶手工制作黄芽的黄学云

屉筛分层摊晾在室内。制茶坊左前方有三口生铁锅，黄老爷子的二儿子仍在一刻不停地制作今年的甘露。制茶坊的两面墙，贴有用竹子装匾的书法作品，所写的内容都是蒙顶山茶的文化历史。

铁锅上方的小钉子上，挂着用来洗锅的竹笤子。柴火锅后方，是一个小空间，堆满了生火用的柴火。灶膛里火红明亮，铁锅里春茶馨香。

制茶坊的般般样样，都在传递一个信息：这是一个与传统手工制茶共生了几十年的空间。再细想一下，或许时间还可以再久远一点。上千年来，传统中国制茶人的制茶工具和环

黄老制茶所的笤帚

境，也大抵如此。手掌的劳作，是这个空间最大的价值。

在看过那么多现代化的制茶工厂和设备后，走进黄学云老爷子制茶坊的那一刻，竟然还会有些不适应：黄老爷子做了几十年茶的地方，就这么简单么？

参观完制茶坊，黄老爷子招呼我们坐下，拿出今年的甘露、黄芽还有蒙顶石花，让我们一一品尝。喝茶的方式，也很传统。一人一个玻璃杯，抓些茶叶放进去泡着，端起来就喝。黄老爷子家里是没有盖碗和公道杯这种"功夫泡"的茶具的。

端起杯子喝的那刻，又有一点不适应：这么好的茶，这样喝能行么？

就在心绪真正安定下来的那刻，坐在院子里看着蒙顶山外的风景，一口一口喝下今年新做的黄茶，甜醇温润的气息顺着喉咙缓缓落下，心头涌上一阵感动。瞬间觉得周围时间的流速变慢了，浓稠得轻盈欲飞。

一切都一成不变，未必是件坏事，反而在"日日新"的今天显出顽强的黏力：我们竟还有一种途径，可以回到出发的原点！

喝茶的间隙，黄老爷子不断跟我们讲述蒙顶山茶的往事，反复说自己只是一个"制茶人"，只会用传统的方式把茶叶做好。聊到生铁锅的话题时，黄老爷子举例说："就好像再好的米，用电饭锅煮起来，味道也要差些"。面对大家提议黄老爷子多安装一点炒锅、增加产量时，黄老爷子既兴奋又无奈地说："比如说再加8口锅，我要加24个人，每口锅一个人炒茶，一个人辅助、一个人看火，没那么简单哦。"

　　制茶人就是制茶人，已是无上的荣耀！

每一次制茶，都是一场"即兴判断"

临走时，黄老爷子用下午刚从蒙顶山采下来的单芽原料给我演绎了一次"蒙顶石花"（蒙顶黄芽同样的炒制工艺，直接做干为石花，焖黄后为黄芽）的制法。黄老爷子负责炒制，吩咐二儿子在灶前看火。"炒头青火！"黄老爷子用提高了三分音量的雅安话把"加火"的命令传递给二儿子，然后一手扶着装鲜叶的竹筛，一手掌心朝上地感受锅温。

不多久，温度上来后，鲜叶下锅，锅底传来杀青时清脆悦耳的"噼啪"声。黄老爷子用棕榈制成的炒茶帚辅助翻炒，眼睛紧盯锅里的鲜叶，手上却不徐不疾，井然有序，每一片叶子仿佛都受到召唤。心手合一，人茶不分，就是黄老爷子做茶时的状态。

几分钟后，炒头青结束，鲜叶取出摊凉。摊凉的间隙，

黄老在手工演示蒙顶石花的制法

黄老爷子讲到"今天上午蒙顶山下了点雨,鲜叶水分较重,我刚刚炒头青的时候,时间就略微长了一点"。摊凉结束后,"炒二道青"的加火命令又安排了下去。

即便做了几十年茶,黄老爷子的每一次制茶,仍然是一次"即兴判断"。手工制茶的温度,远超"炒头青火"的锅温。

带着黄老爷子的手工黄芽下山的那刻,关于蒙顶山和黄芽的所有念想,却都还留在了黄老爷子的制茶坊里:幸好,还有蒙顶黄芽,让我们得以回味老川茶的温润时光!

上者生烂石，六安瓜片山场

中国茶基本上是从南往北，从西往东的传播路径，越过长江后，可供栖息之所就开始慢慢变少。北纬31度，也仍处在中国黄金产茶带，漫游其间，发现了中国茶两个极致的所在！

苏州的洞庭碧螺春，用极致的单芽试图锁住太湖的春天，六安的瓜片，用极致的单叶制出最有功夫的绿茶。一个在明前，一个在雨前，又落在传统中国茶的经典叙述语境里。

一杯个性十足的好绿茶，总能让中国人念念不忘。

北纬31度，去苏州，去大别山，寻找别样的香气启示。

31°N

江苏
安徽

19. 上 洞庭碧螺春

缥缈太湖的依虚春境

2021.3

先提一个老生常谈的问题：哪款茶最能代表春天？

纵然有许多茶友，由于体质等原因而不太喝绿茶，也断然想不出任何理由反驳"绿茶最能代表春天"的答案。从竹叶青到西湖龙井，从恩施玉露到太平猴魁，每一款茶名都是一声春天的召唤。

绿茶，就像山色，无尽绿中，藏有无限春光。

那么，哪款绿茶最能代表江南呢？苏州以西，洞庭西山，或许有答案。

吓煞人香，是一场"触电"的相遇

　　洞庭碧螺春，只需用字正腔圆的普通话轻声念出来，就已经是一种诱惑：洞庭山色、太湖水韵、碧色嫩蕊、卷而螺之、入杯得春。

　　关于碧螺春名字的由来，"戏文"式的故事，无论是对于爱茶人还是寻常百姓都百看不厌：康熙十四年仲春时节，康熙南巡。大驾光临太湖，来到秀丽的洞庭东山。巡抚宋荦命手下买朱元正家制作的"吓煞人香"茶，进献皇上。他啜饮了几口，顿觉鲜爽生津。康熙问此茶叫什么名字？宋荦连忙回答说"吓煞人香"，意思是此茶香到了极点。康熙说："茶倒是精品，但茶名登不了大雅之堂。朕以为，此茶既然出自碧螺峰上，茶叶又卷曲似螺，就改名为'碧螺春'吧"。

　　到底还是康熙皇帝有文化，名字取得如此雅致端正。但

刚刚出锅的碧螺春

是"吓煞人香"这个由吴侬软语传递出的惊叹，才是碧螺春最令人心馋嘴馋的动因。喝茶多年的茶友，回忆自己最初被一杯好茶打动的那一刻，一定只能用直白得无以复加的话语来描述：这茶，真是香死人了！

吓煞人的香，是我们与好茶的第一次"触电"。幸运的碧螺春触电的对象，是康熙爷，何其荣耀！

金榜题名日，好茶成名时

但是细想起来，许多名茶成名的故事脚本，好像大致一样：某地云雾缭绕，茶叶品质上佳，某人（或为山僧、或为民女、或为小农）偶然制得一佳茗，奇香无比，上贡御前，皇帝品之，盛赞有加，从而名声大噪，传为佳话。

好像，每一款名茶的出名史，都像极了书生寒窗苦读十余载后"高中状元"的故事。金榜题名的那一刻，是功成名就的开始，成为文人雅士达官贵人的心头好。

中国人喜欢跟着领导喝茶，是有传统的。碧螺春，是这一传统的元老级名茶。一口碧螺春，三百年来，吓煞人香，让人想念。

八百里太湖，缥缈寻香

碧螺春，主要产地在太湖环绕的洞庭西山和东山，故而又称洞庭碧螺春。整个太湖的湖岸线长度接近八百里，又因地处江南，早春时节常常烟雨不断，水雾迷漫，岛上的群山时常缥缈无踪。

西山岛上，最高的山，苏州人干脆就取名"缥缈峰"，真是山如其名。虽然称为"峰"，海拔却不高，不过三百来米。

岛上的山上，几乎都种满了茶。和这些茶树一起种植的，还有各色果树：枇杷、桃子、李子、杨梅等。谈到这里，喜欢碧螺春的人，也都会来上一句：由于碧螺春的茶树和果树相间种植，茶叶吸收了果树的气息，做出的碧螺春，满满的花果香。

西山茶园风光

只采单芽的碧螺春

这个结论，表面上看好像无懈可击；深究下去，又似乎毫无道理，说不清道不明。有一件事情是确凿无疑的：西山岛上多果树。从初夏开始，岛上的各色果子相继成熟，也是另一种口腹诱惑。

西山上的许多茶园海拔不过百余米，和卖茶人张嘴就来的那句"高山云雾出好茶"条件，好像相距甚远。其实，海拔并非决定茶叶品质的最关键因素，区域整体的小气候，才是最为重要的。

太湖环绕的小岛，水汽滋养充沛，大量果树又给碧螺春茶树提供了它最喜欢"漫射光"。太湖边上年年浸润着流动诗意的姑苏城，又给了碧螺春难以言说的柔情。这样的洞庭碧螺春，能不好吗？

早春三月，碧螺春开采的季节，纵然天气晴好，举目远眺，烟波之中还是一片缥缈。在这样的缥缈中，隐匿着一杯馨香的碧螺春。

单芽锁春，极致的文人茶

碧螺春，是一款极致的文人茶。名字古雅，自是不必言说，其制作过程的讲究，更是堪称典范。

最好的碧螺春，一定是单芽。竹叶青和开化龙顶，也是单芽，泡在玻璃杯里，茶芽纷纷直立，上下浮动赏心悦目。而制成螺状满披白毫的碧螺春，从跃进杯中的那刻起，就开始慢慢把自己舒展开来，像一个芭蕾舞者在水中起舞。

嫩芽们在杯底小规模的舞动一场，才是对嗜茶者的高级挑逗。

单芽原料的采摘，向来都是最费工夫的。从茶树上一个一个地采下几万个芽头，才能制成一斤干茶。

而这样的过程，碧螺春要进行两次。

为了独芽的碧螺春品质更好，采下来的芽头，还要被手法熟练的挑茶工把越冬的鱼叶和未开的茶果悉数挑出。

经过二次挑选的芽头，稍加摊晾，才可以开始炒制。碧螺春是圆炒青的代表，为了做出高品质的碧螺春，每一锅的鲜叶不宜过多，以 600g 左右一锅为宜。

整个过程全手工，大体上分为四个流程：高温杀青、热揉成型、搓团显毫、文火干燥。每个流程需环环相扣，一气呵成。一锅茶做出来，至少需要 45 分钟，大概只有 2 两多干茶！

每斤茶平均需要炒 4.5 锅，这样精细的制作，显然不是给平民百姓准备的。岛上的茶农，会在高档碧螺春加工结束后，再采点稍大的原料，制成炒青，以供日常饮啜。

全手工制成的单芽碧螺春，卷曲成螺，满披白毫，果香扑鼻，鲜爽甘甜。

这样费尽功夫制成的极品碧螺春，自是极致的文人茶！

给碧螺春二次挑芽的阿姨们

毫毛显露的手工碧螺春

115. 六安瓜片

侠之大者，一叶称雄

2020 5

如果你足够喜欢绿茶，又恰好得空，在暮春时节，趁着天气尚未热起来，从九山半水的皖南，一路开到崇山峻岭的皖西。一路喝下来，大饱口福自是不必言说，更重要的是你会发现：安徽，真是中国绿茶多样性样本的宝库。

从黄山往北的方向开始，圆珠形的涌溪火青和直条形的敬亭绿雪，一卷一直之间，构起了绿茶外形的两个延展维度。再到有着秀美山水的黄山，兰花型的黄山毛峰、扁长形的太平猴魁、曲螺形的松萝茶、扎花形的黄山绿牡丹就开始百花齐放了。

驶离黄山后，单芽形的雾里青亭亭玉立在仙遇山的云雾间。跨过长江，翻山越岭地爬过大别山后，一个愈来愈强烈的声音从齐头山的四围传来："等一下！不要急！还有我！还有我！"

这是来自六安瓜片的声音。

这是中国绿茶样品库里，最特立独行的一个存在！

大江以北，则称六安

关于六安和六安茶，流传最广的一句，来自于出生钱塘一生爱茶的明代茶人许次纾的《茶疏》。在《茶疏》气度非凡的正文开篇，许次纾写道："天下名山，必产灵草。江南地暖，故独宜茶。大江以北，则称六安。"

是的，自古至今，江南都是名茶荟萃之所。过长江后，由于地形气候等方面的影响，不少区域已经不适合产茶。在峰峦叠嶂的大别山山脉，古称寿州的六安地区，却在唐朝时就已经是重要的产茶地。到了明末，每年岁额三百斤的六安茶，是多年不变的传统。

任何一个地方，能够出产好茶，都有其历史基础。离开了绵长时间的支撑，许多茶喝到嘴里，虽然香气高扬汤也甜醇，但总是少了一道从悠远过去里传过来的回味。这份属于

上者生烂石，六安瓜片山场

时间的味道，包含了一款茶所有的身世。

穿过一个又一个隧道，下高速后，又沿往响洪甸水库的方向行驶约莫半个小时，终于到了独山镇——六安瓜片重要的产区和集散地。

独山镇，因出了十六位开国将军，同时还被称作"将军镇"。产自大别山地区的瓜片，也像独山镇的"将军"一样，充满豪气：侠之大者，一叶称雄。

瓜片迷思，芽去哪儿了？

都说茶是一片树叶的故事，纵观中国茶，唯一能"名副其实"的好像只有六安瓜片：无芽无梗，只有叶片。

那么问题来了，芽去哪了？

到了六安瓜片核心产区之一的"冷水冲村"后，跟随做瓜片多年的夏师傅上山，这个困扰我多时的问题，才得到了满意的答案。

传统的六安瓜片，求壮不求嫩，一般要到谷雨前后才开始采摘。和武夷岩茶一样，六安瓜片也要求开面采。即茶树新稍最后一叶开始展开，形成驻芽后，瓜片的制作才缓缓开始。这时候的茶叶，生长已经成熟，所制成的成品茶香气更为丰富，滋味也更为醇厚。

传统的瓜片采摘标准

鲜叶长成小开面后，驻芽后的第一片叶子称为"提片"，第二片称为"瓜片"，第三片称为"梅片"。按照最传统的瓜片制法，一芽三四叶的完整瓜片鲜叶采下来后，需要进行"掰片"，也即再进行一遍采摘。把第一片、第二片和第三片，单独掰下来。同为"提片""瓜片""梅片"的原料，分开制作，所获瓜片的等级也不尽相同。

就连掰完所有叶片后剩下的茶梗，旧时六安人都会收集起来炒制，做成"六安骨"。真是，采芽者得其灵；取叶者得其魂；留梗者得其骨。六安茶人，对于茶叶不同部位的利用，真可谓"穷其尽也。"

但是由于"掰片"所需的时间，要远远大于鲜叶从茶山采下来的时间。这毫无效率的做法，现今，即便在瓜片的最核心产区，也极少有人愿意做了。

取而代之的，是从茶树上，直接只采摘成熟叶片。留着茶树末梢的芽头，又继续生长发育，缓缓展开新的叶片，等待第二轮采摘。

同为瓜片，传统工艺在"掰片"时，会特意保留叶片连接茶梗的小蒂头。而从树上直接采片的，则不需要保留蒂头。因为，由于"掰片"耗时耗力，茶叶从鲜叶采摘到"掰片"完成，至少大半天过去了。梗子和蒂头里保有水分，会持续地通过叶脉向页面边缘输送，让茶叶在相对长的时间里保持活性。这样制得的瓜片，香气和口感上会更加丰富。

而茶树上直采的方式，所需时间会大大缩短，就无须保留蒂头。反而，如果直采时保留蒂头，会让叶片不同部分水分含量不一致，影响杀青。

无论哪种方式，瓜片的采摘都是极为麻烦的。在这个过程中，芽头以长成成熟叶片后的模样，与我们相遇。

有些风味，就是要等的。

历千般辛苦，得一味醇甜！

一杯好的瓜片，辛苦的采摘，只是一个开始。

采摘好的瓜片，静置摊晾后，就可以进行杀青。一般的绿茶杀青，一口锅足以。但是瓜片，则需要两口，称为生锅和熟锅，生锅温度较高，熟锅次之。更加讲究的，则需要三口锅，同时进行，锅温分为高中低三档。

呈约莫30度角倾斜的铁锅，被嵌在烧明火的灶台里。开始制作瓜片后，灶膛被整根干燥的松木烧得红彤彤的。铁锅的温度被迅速抬升：瓜片，正式开始炒制了。

在温度最高的生锅中，每次放入约2两鲜叶，用一个高粱穗扎成的炒茶帚快速翻炒。大概一分钟后，炒制手法开始变化。师傅需要在翻炒的间隙，通过茶帚末端对锅中的瓜片进行轻微按压，以期达到揉捻的目的。

不多时，整锅的鲜叶被茶帚辉至旁边的熟锅里。这时，师傅茶帚的手法成了"挑、弧、带拍"，瓜片在这样三连环的手法下，逐渐形成了"背卷"的外形。如果用三口锅来炒制，第一口锅负责翻炒，第二口轻微揉捻，第三口则是做型。

瓜片的炒制过程，是一场接力赛。既要几位师傅分工有序，又要通力合作。由于每一锅所投的鲜叶不多，所有瓜片制作最为集中的半个月，这样的接力赛往往又成了"集体马拉松"。

更为辛苦的，还在后面。

作为烘青绿茶，炒制结束后的瓜片，更为重要的工序是"烘"。传统瓜片，在初步烘成毛茶后，要经过三次明火烘焙，分别称为"拉毛火""拉小火""拉老火"。

焙火，对于瓜片的重要程度，丝毫不亚于武夷岩茶。更为甚者，瓜片的焙火过程，比岩茶来得要更为辛苦吃力。把木炭烧得通红后，不做任何覆盖，两人抬起盛有至少二十斤以上茶叶的抬篮（大烘笼），炭火上一架，又迅速拉开。如此反复，至少四十分钟才能拉完一次。

正在忙于制作瓜片的夏小六

正在拉老火的六安瓜片

这样的烘焙过程，需要持续三次才能完成。和一般的烘青绿茶烘焙温度从高到低不同，瓜片拉火烘焙的过程里，温度是由低到高。最后一遍，火最旺，故称老火。许多师傅都在拉老火的过程中，汗流浃背。没有好的身体，休想做出一杯好的瓜片来。

到了这里，瓜片的制作，从"集体马拉松"又变成了"铁人三项"。

侠之大者，一叶称雄

虽然历经千般辛苦，真正遵循传统工艺拉完老火后的瓜片，叶面表面会挂霜，香气馥郁滋味醇厚，喝上一口唇齿生香，久久不散。

虽然说，为了做一杯好茶，多么辛苦都是值得的。但是完整看完传统工艺瓜片的制作过程后，还是不免心生不忍：采两遍鲜叶（采摘完成后，需掰片），分三种叶形（"提片""瓜片""梅片"），用三口锅杀青，拉三遍明火。这分明是中国绿茶里的"工夫茶"之冠。

想到这里，只好更加珍视手中这杯瓜片，任何的恍惚，都是辜负！

六安瓜片，虽然只是一片叶子，但是为了激活这片叶子的所有潜能，所有六安茶人费了多少"能够翻过整个大别山"的心力。

　　没有哪一个人，可以轻易成为英雄；也没有哪一片茶叶，可以轻易幻变成好茶。下一次，当我们面对一杯清香馥郁的瓜片时，我们要知道这些叶片背后隐去的艰辛。

美丽中国，
尽在茶里

后记

　　2019 年 9 月，我离开工作三年多的祁红博物馆，自驾江西转了一小圈。先是去省博看海昏侯特展，而后登滕王阁赏赣江。离开南昌，在高安的元青花博物馆徜徉了小半天，白地蓝花的青花美得不可方物。接着，爬了一趟武功山，蓝天白云高山草场，亦和青花一样。行程的最后一站，是江西修水，宁红的故乡。

　　回到家，写了这本茶山漫游小集子的第一篇文章《宁江：漫漫修江的悠然茶香》。

　　若不是茶的机缘，我大概至今也没到过修水。而正是因茶，在祁红博物馆工作的三年里，我却不止一次地和别人谈论过修水。

　　光绪年间，祁红创始人胡元龙最早请的制茶师傅舒基立就是来自宁州（今修水）。冯绍裘先生来祁门试验机械制茶之前，在修水茶叶实验茶场任技术员，离开祁门后到凤庆创制了滇红，成为滇红之父。而修水宁红的制茶技艺又承自武夷山的正山小种。

修水，是中国红茶传播过程中承前启后的重要一站，也是我开始漫游中国茶的第一站。

随后的三年多时间里，因为从事茶旅，我几乎走遍了中国代表性的名茶产区。一路边走边写，于是有了这本《漫游中国茶》。

中国幅员辽阔，名茶众多，每一个经纬度里都藏着好茶，馨香袭人。漫游其中，自然是美景不断、好茶不停，尝试用文字记下来，起初只是我个人的茶乡见闻录。后来越写越觉得单纯的记录可能不够，于是每次提笔之前都想尽可能加入我对茶区和茶类的思考。茶乡见闻加茶类思考合在一起，就构成了整本书的全部内容。

有的茶区，尤其云南的山头，抵达不易。走过一次，就已经印象深刻，记录的文字就以见闻为主。有些茶区，尤其是热门代表性茶类的，譬如武夷山，每年都反复去，每次都有新观感。于是我更想聊聊对于茶类的思考。

　　千山万水的奔走是漫游，一城一地的多次抵达，亦是漫游。无论如何，对于中国茶的热爱是不变的，所以才会一次又一次地出发。

　　哲学家罗素的学生维特根斯坦有一句流传很广的话"语言的边界就是世界的边界"，我想，对于爱茶的我们而言，就多了一层看世界的维度。产茶的地方，就去看茶；不产茶的地方，总有喝茶的人，就去和他们一起喝茶，还是茶的世界。

　　美丽中国，尽在茶里。

最后也特别感谢，这三年多漫游路上所有老师和好友的帮助。没有你们，一段又一段的漫游之路无法完成。

有幸生在中国茶乡，有幸漫游中国茶！

图书在版编目（CIP）数据

漫游中国茶 / 胡冬财著 . — 北京：当代世界出版社，2023.6
ISBN 978-7-5090-1738-8

Ⅰ . ①漫… Ⅱ . ①胡… Ⅲ . ①茶文化 – 中国 Ⅳ . ① TS971.21

中国国家版本馆 CIP 数据核字 (2023) 第 071729 号

书　　名：漫游中国茶
出版发行：当代世界出版社
地　　址：北京市东城区地安门东大街 70-9 号
邮　　箱：ddsjchubanshe@163.com
编务电话：（010）83907528
发行电话：（010）83908410
经　　销：新华书店
印　　刷：北京汇瑞嘉合文化发展有限公司
开　　本：889 毫米 ×1092 毫米　1/32
印　　张：11.5
字　　数：220 千字
版　　次：2023 年 6 月第 1 版
印　　次：2023 年 6 月第 1 次
书　　号：978-7-5090-1738-8
定　　价：88.00 元